Sabine Dölemeyer

Der Rechenknacker

für Verkäufer und
Kaufleute im Einzelhandel

Übungsaufgaben und erläuterte Lösungen

Bestell-Nr. 182

u-form Verlag · Hermann Ullrich GmbH & Co. KG

Deine Meinung ist uns wichtig!

Du hast Fragen, Anregungen oder Kritik zu diesem Produkt?

Das u-form Team steht dir gerne Rede und Antwort.

Einfach eine kurze E-Mail an

feedback@u-form.de

Sollte es für diese Auflage Änderungen, Korrekturen oder Zusatzinfos geben, findest du diese unter folgendem Link:

www.u-form.de/addons/182-2026.zip

Wenn der Link nicht funktioniert, haben wir noch keine Zusatzinfos bereitgestellt.

6. Auflage 2026 · ISBN 978-3-95532-182-6

© u-form Verlag | Hermann Ullrich GmbH & Co. KG
Cronenberger Straße 58 | 42651 Solingen
Telefon: 0212 22207-0 | Telefax: 0212 22207-63
Internet: www.u-form.de | E-Mail: uform@u-form.de

Vorwort

Im Einzelhandel begegnen Ihnen überall Zahlen, zum Beispiel als Preise, Bestellmengen, Bestandszahlen, Größen, Gewichte und Maße.

Sicherer Umgang mit Zahlen zählt im Handel daher zu den wesentlichen Fähigkeiten und ist Grundlage für Ihren schulischen und beruflichen Erfolg.

Jetzt werden Sie vielleicht sagen: „Mathe konnte ich noch nie!“. Mit diesem Gefühl sind Sie nicht allein, das kennen viele andere Auszubildende auch.

Dieser Mathematiktrainer wird Ihnen dabei helfen, die wesentlichen Rechenarten, die die Basis für das kaufmännische Rechnen bilden, zu erlernen.

Die Mathematik folgt immer festgelegten Regeln. Wenn Sie diese Regeln kennen, werden Sie erkennen, dass die Mathematik ihren Schrecken verliert. Dinge, die einem vertraut sind, machen keine Angst! Im besten Fall werden Sie sogar feststellen, dass Ihnen das Rechnen Spaß machen kann.

Sie kennen bestimmt das Sprichwort „Übung macht den Meister” – und es stimmt!

Es reicht jedoch nicht, die Regeln nur zu kennen. Damit Sie wirklich sicher im Umgang mit den einzelnen Rechenarten werden, sollten Sie die Regeln anwenden, das heißt, Sie müssen ÜBEN. Dies geht am besten, indem Sie die Übungsaufgaben zu den einzelnen Rechenarten lösen.

Autorin und Verlag wünschen viel Spaß und viel Erfolg!

Inhaltsverzeichnis

Arbeitsanleitung

Wie gehen Sie mit diesem Buch um?

In diesem Mathematiktrainer wird jedes Rechenverfahren Schritt für Schritt erklärt. Lesen Sie die Erklärungen in Ruhe durch. Prägen Sie sich die Rechenwege ein, um die Zusammenhänge zu verstehen. Im Anschluss lösen Sie die entsprechenden Übungsaufgaben.

Sie können die einzelnen Kapitel Schritt für Schritt durcharbeiten oder auch gezielt eine Rechenart wiederholen, die Ihnen vielleicht noch etwas schwierig erscheint.

Die folgenden Symbole helfen Ihnen, sich in diesem Buch zurechtzufinden:

Alle **Regeln** und **Formeln** finden Sie in einem grau unterlegten Feld.

Diese **Hinweise** erleichtern Ihnen die Anwendung der Rechenverfahren.

Am Ende jeden Kapitels finden Sie einen „**Spickzettel**" mit der Zusammenfassung der wichtigsten Regeln und Formeln. Sie können ihn benutzen, wenn Sie die ersten Aufgaben lösen. Sie werden feststellen, dass Sie diese Hilfe nach ein paar Aufgaben nicht mehr benötigen, weil Sie die Regeln nun kennen.

Die letzten Aufgaben im jeweiligen Übungsteil sind so formuliert, wie Sie sie auch in der Zwischen- oder Abschlussprüfung vorfinden.

Sollten Sie bestimmte Begriffe oder verwendete Zeichen nicht verstehen, können Sie sie am Ende dieses Mathematiktrainers nachschlagen (siehe Seite 100).

1. Was sind Zahlen?

Es gibt in der Mathematik verschiedene **Zahlenarten**.

Dazu gehören zum Beispiel natürliche Zahlen, gerade und ungerade Zahlen, ganze Zahlen, positive und negative Zahlen und Dezimalzahlen. Alle Zahlen bestehen aus den Ziffern 0, 1, 2, 3, 4, 5, 6, 7, 8 und 9.

1.1 Natürliche Zahlen

Alles, was Sie zählen können, sind natürliche Zahlen, also 1, 2, 3, 4, 5, ... und so weiter.

Die natürlichen Zahlen sind in **gerade** und **ungerade** Zahlen unterteilt. Gerade Zahlen können durch zwei geteilt werden, ohne dass ein Rest bleibt (z. B. 2 : 2 = 1; 4 : 2 = 2; 6 : 2 = 3; 8 : 2 = 4; …).
Die ungeraden Zahlen liegen jeweils zwischen den geraden Zahlen.

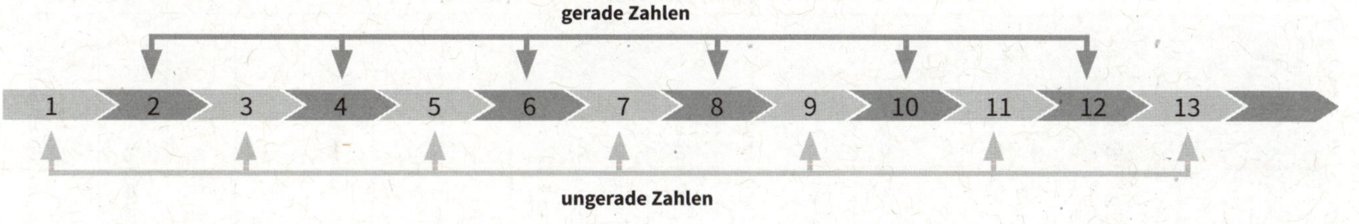

1.2 Ganze Zahlen

Die ganzen Zahlen sind eine Erweiterung der natürlichen Zahlen.

Zu den ganzen Zahlen gehören auch die negativen Zahlen, also -1, -2, -3, -4, -5, … und so weiter. Auf dem Zahlenstrahl stehen rechts von der Null die positiven Zahlen, links von der Null die negativen Zahlen.

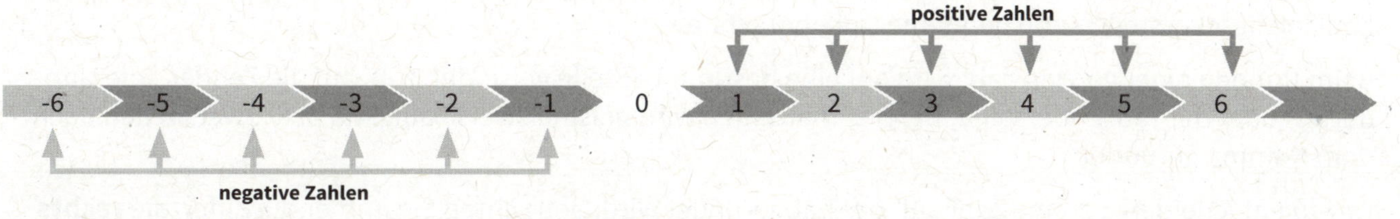

Negative Zahlen zählen von der Null an herunter.

Eine negative Zahl erhalten Sie, indem Sie von einer Zahl eine größere Zahl abziehen. Ein Beispiel: Auf Ihrem Bankkonto befinden sich 50 Euro. Heben Sie 60 Euro ab, weist Ihr Kontostand nun – 10 Euro aus, das heißt, Sie haben bei der Bank 10 Euro Schulden:

50 Euro – 60 Euro = – 10 Euro

1.3 Dezimalzahlen

Dezimalzahlen sind Zahlen mit einem Komma.

Die Ziffern vor dem Komma beschreiben immer eine ganze Zahl, die Ziffern hinter dem Komma stellen dagegen nur einen Teil einer ganzen Zahl dar. Die erste Stelle hinter dem Komma sind Zehntel, die zweite Stelle hinter dem Komma Hundertstel und so weiter. Am einfachsten erklärt sich die Dezimalzahl an einem Beispiel:

Betrachten Sie die Zahl 1.245,95!

Tausender	Hunderter	Zehner	Einer			
1	2	4	5	,	9	5
				Dezimalkomma	Zehntel	Hundertstel

Dezimalzahlen sind immer nach dem folgenden Schema der Stellentafel aufgebaut:

Stellentafel

…	Billionen	Hundertmilliarden	Zehnmilliarden	Milliarden	Hundertmillionen	Zehnmillionen	Millionen	Hunderttausender	Zehntausender	Tausender	Hunderter	Zehner	Einer	Dezimalkomma	Zehntel	Hundertstel	Tausendstel	…
	B	HMd	ZMd	Md	HM	ZM	M	HT	ZT	T	H	Z	E	,				

1.4 Aufrunden und Abrunden von Zahlen

Das Auf- und Abrunden von Zahlen dient dazu, eine Zahl zu vereinfachen. Dadurch kann man sich die Zahl leichter vorstellen und bequemer mit ihr rechnen.

Beim Runden einer ganzen Zahl wird auf eine bestimmte Stelle gerundet, z. B. auf die Zehner-, die Hunderter- oder die Tausenderstelle. Bei Dezimalzahlen wird beispielsweise auf eine bzw. zwei Stellen nach dem Komma gerundet.

Um zu entscheiden, ob eine Zahl auf- oder abgerundet wird, betrachten Sie immer die Ziffer, die **rechts** neben der Stelle steht, auf die gerundet werden soll. Es gelten dabei stets die folgenden Rundungsregeln:

Rundungsregeln:

- **Abgerundet** wird, wenn die betrachtete Ziffer eine **0, 1, 2, 3** oder **4** ist.
- **Aufgerundet** wird, wenn die betrachtete Ziffer eine **5, 6, 7, 8** oder **9** ist.

! Beim Abrunden verändert sich die Stelle, auf die gerundet werden soll, nicht. Beim Aufrunden wird die Stelle, auf die gerundet werden soll, um eins erhöht.

! Betrachten Sie beim Runden immer nur die Ziffer, die direkt rechts neben der Stelle steht, auf die gerundet werden soll. Die Ziffern rechts davon sind ohne Bedeutung.

1.4.1 Auf- und Abrunden ganzer Zahlen

Die folgenden Zahlenbeispiele verdeutlichen die Rundungsregeln. Betrachten Sie die Zahl **2.647**!

Um auf die ganze **Zehnerstelle** zu runden, betrachten Sie nur die Stelle direkt rechts davon, also die Einer.

T	H	Z	E
2	6	4	7

Bei der Einerstelle handelt es sich um eine **7**. Nach der Rundungsregel wird auf die ganze Zehnerstelle **aufgerundet**. Die Zehnerstelle wird um 1 erhöht, die nachfolgende Ziffer wird auf 0 gesetzt.

T	H	Z	E
2	6	5	0

Um auf die ganze **Hunderterstelle** zu runden, betrachten Sie nur die Stelle direkt rechts davon, also die Zehner.

T	H	Z	E
2	6	4	7

Bei der Zehnerstelle handelt es sich um eine **4**. Nach der Rundungsregel wird auf die ganze Hunderterstelle **abgerundet**. Die Hunderterstelle verändert sich nicht, die nachfolgenden Ziffern werden auf 0 gesetzt.

T	H	Z	E
2	6	0	0

Um auf die ganze **Tausenderstelle** zu runden, betrachten Sie nur die Stelle direkt rechts davon, also die Hunderter.

T	H	Z	E
2	6	4	7

Bei der Hunderterstelle handelt es sich um eine **6**. Nach der Rundungsregel wird auf die ganze Tausenderstelle **aufgerundet**. Die Tausenderstelle wird um 1 erhöht, die nachfolgenden Ziffern auf 0 gesetzt.

T	H	Z	E
3	0	0	0

1.4.2 Auf- und Abrunden von Dezimalzahlen

Im Einzelhandel wird in der Regel mit zwei Stellen nach dem Komma gerechnet (z. B. bei Preisen, wie 1,99 €).

Die Regeln zum kaufmännischen Runden ganzer Zahlen gelten auch für das Runden von Dezimalzahlen. Sie betrachten auch hier immer die Ziffer, die direkt rechts neben der Stelle steht, auf die gerundet werden soll.

Betrachten Sie die Zahl **1,383**!

Beim Runden einer Dezimalzahl auf **zwei Nachkommastellen** betrachten Sie die dritte Nachkommastelle.

1	,	3	8	3

Die dritte Nachkommastelle ist eine **3**, nach der Rundungsregel wird auf die ganze Hundertstelstelle **abgerundet**. Die Hundertstelstelle verändert sich nicht. Die dritte Nachkommastelle fällt weg.

1	,	3	8

Beim Runden einer Dezimalzahl auf **eine Nachkommastelle** betrachten Sie die zweite Nachkommastelle.

1	,	3	8	3

Die zweite Nachkommastelle ist eine **8**, nach der Rundungsregel wird auf die ganze Zehntelstelle **aufgerundet**. Die Zehntelstelle wird um 1 erhöht. Die zweite und dritte Nachkommastelle fällt weg.

1	,	4

Beim Runden einer Dezimalzahl auf **ganze Einer** betrachten Sie die erste Nachkommastelle.

1	,	3	8	3

Die erste Nachkommastelle ist eine **3**, nach der Rundungsregel wird auf die ganze Einerstelle **abgerundet**. Die Einerstelle verändert sich nicht. Alle Nachkommastellen fallen weg.

1

Zusammenfassung Auf- und Abrunden von Zahlen

Kaufmännische Rundungsregeln:

Abrundung bei den Ziffern **0, 1, 2, 3, 4**.

Aufrundung bei den Ziffern **5, 6, 7, 8, 9**.

1.5 Übungsaufgaben zum Auf- und Abrunden von Zahlen

1. Runden Sie die folgenden Zahlen auf ganze Tausender!

a) 12.483 **b)** 500.927 **c)** 78.315 **d)** 3.111.729 **e)** 138.129

2. Runden Sie auf ganze Hunderter!

a) 2.689 **b)** 89.624 **c)** 658 **d)** 6.154 **e)** 1.654.548

3. Runden Sie auf ganze Zahlen!

a) 12,54 **b)** 1,98 **c)** 459,13 **d)** 502,34 **e)** 1.296,12

4. Runden Sie auf zwei Stellen nach dem Komma!

a) 12,893 **b)** 546,128 **c)** 157,8235 **d)** 0,998 **e)** 1,981

5. a) Runden Sie auf ganze Millionen: 1.236.546 €

b) Runden Sie auf ganze Hunderter: 5.689.125 €

c) Runden Sie auf ganze Tausender: 13.897.678 €

d) Runden Sie auf ganze Euro: 12,54 €

e) Runden Sie auf ganze Zehner: 1.235 €

Lösungen siehe Seite 71.

Notizen

2. Rechnen mit Größen

In vielen Aufgaben werden Zahlen mit verschiedenen **Maßeinheiten** angegeben, z. B. Fläche, Gewicht, Länge, Volumen oder Zeit.

Beim Rechnen mit Größen wird immer die **Maßzahl** mit einer Maßeinheit angegeben.

Die Maßzahl beschreibt den Wert, die Maßeinheit die Größe, z. B.

Maßzahl	**Maßeinheit**
↓	↓
100	**Meter**

Um sinnvolle Ergebnisse errechnen zu können, gibt es unterschiedliche Größen. Beispielsweise wird das Gewicht einer Pralinenmischung in Gramm und nicht in Tonnen, die Länge von Stoffen in Zentimetern und nicht in Kilometern angegeben. Daher ist es in den Aufgaben häufig notwendig, die Maßeinheiten in eine größere oder kleinere Einheit umzurechnen.

Wir betrachten als Beispiel die Längeneinheiten. Der folgenden Tabelle können Sie die Umrechnungszahlen entnehmen, z. B. entsprechen 10 Millimeter 1 Zentimeter, 100 Zentimeter entsprechen 1 Meter.

Längen	
10 Millimeter (mm)	= 1 Zentimeter (cm)
10 Zentimeter (cm)	= 1 Dezimeter (dm)
10 Dezimeter (dm)	= 1 Meter (m)
100 Zentimeter (cm)	= 1 Meter (m)
1000 Meter (m)	= 1 Kilometer (km)

2.1 Umrechnung in die nächstkleinere Maßeinheit

Um die Größe (z. B. Länge) in die nächstkleinere Maßeinheit umzurechnen, wird die Maßzahl mit der Umrechnungszahl multipliziert.

Beispielaufgabe: Wieviel Zentimeter sind 7 Meter?

Rechnung: 1 Meter entspricht 100 Zentimetern, d. h. die Umrechnungszahl ist 100.

7 Meter (m) = (7 · 100) Zentimeter (cm) = 700 Zentimeter (cm)

km → · 1000 → m → · 10 → dm → · 10 → cm → · 10 → mm

2.2 Umrechnung in die nächstgrößere Maßeinheit

Um die Größe (z. B. Länge) in die nächstgrößere Maßeinheit umzurechnen, wird die Maßzahl durch die Umrechnungszahl dividiert.

Beispielaufgabe: Wie viel Kilometer sind 8000 Meter?

Rechnung: 1 Kilometer entspricht 1000 Metern, d. h. die Umrechnungszahl ist 1000.

8000 Meter (m) = (8000 : 1000) Kilometer (km) = 8 Kilometer (km)

mm → : 10 → cm → : 10 → dm → : 10 → m → : 1000 → km

Es ist wichtig, dass Sie die einzelnen Größen und die entsprechenden Umrechnungszahlen auswendig kennen. Die Umrechnungstabellen für die verschiedenen Größen (z. B. Gewichte, Zeiten, Flächenmaße, Volumen) finden Sie am Ende dieses Buches auf den Seiten 98 und 99.

3. Textaufgaben

Die meisten Aufgaben in der Berufsschule und auch in den Prüfungen werden als **Textaufgaben** gestellt. Textaufgaben lassen sich am einfachsten lösen, indem Sie Schritt für Schritt vorgehen.

Betrachten Sie die notwendigen Schritte zum Lösen von Textaufgaben an einer **Beispielaufgabe**:

Eine Kundin legt vier Artikel an der Kasse vor, einen Pullover für 39,90 €, eine Bluse für 29,95 € und zwei Tücher für je 10,00 €. Die Kundin zahlt mit einem 100-Euro-Schein. Wie viel Euro Rückgeld erhält die Kundin?

1. Schritt: Aufgabe lesen!

Lesen Sie die Aufgabe gewissenhaft durch! Falls Sie nicht alles verstehen, lesen Sie die Aufgabe einfach mehrmals durch. Es kann Ihnen helfen, wenn Sie sich ein paar Notizen machen und die wichtigsten Informationen notieren oder in der Aufgabe unterstreichen.

Eine Kundin legt vier Artikel an der Kasse vor, einen Pullover für 39,90 €, eine Bluse für 29,95 € und zwei Tücher für je 10,00 €. Die Kundin zahlt mit einem 100-Euro-Schein. Wie viel Euro Rückgeld erhält die Kundin?

2. Schritt: Zahlenwerte auflisten!

Listen Sie untereinander die Zahlenwerte auf, die im Text angegeben sind!

Die Kundin kauft:		Die Kundin zahlt:
1 x Pullover	**39,90 €**	**100-Euro-Schein**
1 x Bluse	**29,95 €**	
2 x Tuch	**je 10,00 €**	

3. Schritt: Gesuchten Wert (= Frage) notieren!

Notieren Sie, welcher Wert berechnet werden soll! In der Regel finden Sie die Frage zum gesuchten Wert am Ende der Aufgabe.

Wie viel **Euro Rückgeld** erhält die Kundin?

4. Schritt: Rechnung durchführen!

Überlegen Sie, welche Rechnung notwendig ist, und führen Sie die Berechnung durch. Manchmal müssen Zwischenergebnisse berechnet werden. Wenn Sie alle Zwischenergebnisse berechnet haben, können Sie den gesuchten Wert berechnen.

1. Berechnung der Kaufsumme:

1 x Pullover	39,90 €
+ 1 x Bluse	29,95 €
+ 2 x Tuch je 10,00 €	20,00 €
= Kaufsumme	**89,85 €**

2. Berechnung des Rückgeldes:

Bargeld gegeben	100,00 €
– Kaufsumme	89,85 €
= Rückgeld	**10,15 €**

5. Schritt: Antwort formulieren!

Formulieren Sie die Antwort! Überprüfen Sie dabei noch einmal die Antwort mit der Frage.

Wie viel Euro Rückgeld erhält die Kundin?
Die Kundin erhält ein Rückgeld von 10,15 €.

Notizen

4. Bruchrechnen

Ein Bruch beschreibt einen bestimmten Teil an einem Ganzen.

Die Zahl auf dem Bruchstrich wird durch die Zahl unter dem Bruchstrich geteilt.

Die Zahl auf dem Bruchstrich heißt **Zähler**. Der Zähler gibt an, um wie viele Teile vom Ganzen es sich handelt. Die Zahl unter dem Bruchstrich heißt **Nenner**. Der Nenner gibt an, aus wie vielen Teilen das Ganze besteht. Der Bruchstrich ist dabei nichts anderes als das **Geteiltzeichen**.

Bruch = $\frac{\textbf{Zähler}}{\textbf{Nenner}}$ ⟵ **Bruchstrich** (Geteiltzeichen)

Die folgenden Abbildungen machen den Zusammenhang zwischen Zähler und Nenner noch einmal deutlich:

Ganze Torte	**Halbe Torte**	**Viertel Torte**	**Drei Achtel Torte**
$\frac{1}{1}$	$\frac{1}{2}$	$\frac{1}{4}$	$\frac{3}{8}$
	1 Teil von 2 gleichen Teilen eines Ganzen	1 Teil von 4 gleichen Teilen eines Ganzen	3 Teile von 8 gleichen Teilen eines Ganzen

4.1 Arten von Brüchen

Echter Bruch: Ist der Zähler kleiner als der Nenner, spricht man von einem echten Bruch, z. B. $\frac{2}{7}$.

Unechter Bruch: Ist der Zähler größer als der Nenner, handelt es sich um einen „unechten" Bruch, z. B. $\frac{15}{7}$.
Der unechte Bruch zeigt Ihnen, dass die angegebenen Teile von mehr als einem Ganzen stammen.
Ein unechter Bruch kann damit in eine **gemischte Zahl** umgewandelt werden.

Umwandlung des „unechten" Bruchs $\frac{15}{7}$ in eine gemischte Zahl:
Die 7 passt 2-mal in die 15, denn $7 \cdot 2 = 14$, es bleibt ein Rest von eins. Bei dem Bruch von $\frac{15}{7}$ handelt es sich demnach um 2 Ganze und $\frac{1}{7}$, kurz geschrieben $2\frac{1}{7}$.

4.2 Erweitern und Kürzen von Brüchen

Brüche mit gleichem Nenner heißen **gleichnamig**, Brüche mit verschiedenen Nennern heißen **ungleichnamig**. Um mit Brüchen rechnen zu können, muss man sie manchmal erweitern oder kürzen. Was das genau bedeutet, wird im Folgenden erklärt.

4.2.1 Erweitern von Brüchen

Brüche mit unterschiedlichem Nenner lassen sich nicht leicht vergleichen.

Betrachten Sie zum Beispiel die folgenden zwei Brüche $\frac{2}{5}$ und $\frac{1}{3}$. Welcher dieser Brüche ist größer?

Damit Sie die Brüche vergleichen können, müssen Sie sie **gleichnamig** machen. Das bedeutet, dass beide Brüche den **gleichen Nenner** haben müssen.

Ein geeigneter, gleicher Nenner lässt sich ermitteln, indem Sie das **kleinste gemeinsame Vielfache** der Nenner suchen. Bezogen auf das Beispiel suchen wir das kleinste gemeinsame Vielfache der Nenner 5 und 3.

> **!** Beginnen Sie immer zuerst mit der Suche des Vielfachen der größeren Zahl und anschließend der kleineren Zahl.

Vielfache von 5 sind:	**Vielfache von 3 sind:**
$1 \cdot 5 = 5$	$1 \cdot 3 = 3$
$2 \cdot 5 = 10$	$2 \cdot 3 = 6$
$3 \cdot 5 = 15$	$3 \cdot 3 = 9$
$4 \cdot 5 = 20$	$4 \cdot 3 = 12$
$5 \cdot 5 = 25$	$5 \cdot 3 = 15$

Das kleinste gemeinsame Vielfache der Zahlen 5 und 3 ist also 15.

> **!** Beim **Erweitern** werden Zähler und Nenner eines Bruches mit der gleichen Zahl multipliziert.

Der Bruch $\frac{2}{5}$ wird mit 3 erweitert. Der Bruch $\frac{1}{3}$ wird mit 5 erweitert.

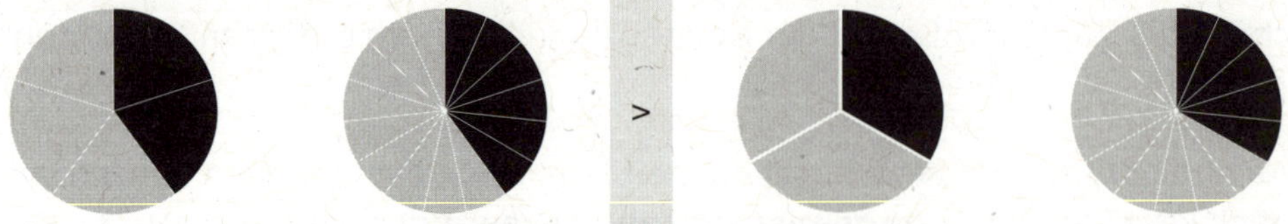

$$\frac{2}{5} = \frac{2 \cdot 3}{5 \cdot 3} = \mathbf{\frac{6}{15}} \quad > \quad \frac{1}{3} = \frac{1 \cdot 5}{3 \cdot 5} = \mathbf{\frac{5}{15}}$$

Der Bruch $\frac{2}{5}$ ist also größer als der Bruch $\frac{1}{3}$.

> **!** Der **Wert** des Bruches bleibt nach dem Erweitern unverändert.
>
> $2 : 5 = 0{,}4$ => $6 : 15 = 0{,}4$

Falls es Ihnen schwerfällt, das kleinste gemeinsame Vielfache zu finden, können Sie die Nenner auch miteinander multiplizieren und so einen gemeinsamen Nenner festlegen.

4.2.2 Kürzen von Brüchen

Das Kürzen von Brüchen bedeutet, den Zähler und den Nenner eines Bruchs durch die gleiche Zahl zu teilen, so dass die Zahlen kleiner und der Bruch damit übersichtlicher wird. Betrachten Sie den Bruch $\frac{10}{15}$. Um den Bruch zu kürzen, suchen Sie den **größten gemeinsamen Teiler,** durch den sowohl der Zähler als auch der Nenner teilbar sind.

Teiler von 15 sind:	**Teiler von 10 sind:**
15 : 1 = 15	10 : 1 = 10
15 : 3 = 5	10 : 2 = 5
15 : 5 = 3	10 : 5 = 2
15 : 15 = 1	10 : 10 = 1

Der größte gemeinsame Teiler der Zahlen 10 und 15 ist also die **5**.

Beim **Kürzen** werden Zähler und Nenner durch die gleiche Zahl dividiert (geteilt).

$$\frac{10}{15} \xrightarrow{:5} \frac{2}{3}$$

$$\frac{\text{Zähler}}{\text{Nenner}} \; \frac{10}{15} = \frac{10:5}{15:5} = \frac{2}{3}$$

Der **Wert** des Bruches bleibt nach dem Kürzen unverändert.

10 : 15 ≈ 0,67 => 2 : 3 ≈ 0,67

4.3 Addieren und Subtrahieren von gleichnamigen Brüchen

Addieren von gleichnamigen Brüchen

Beispielaufgabe: $\frac{1}{4} + \frac{2}{4}$

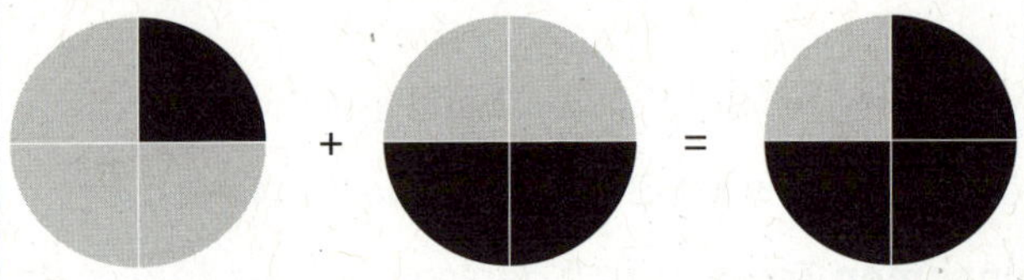

$$\frac{1}{4} + \frac{2}{4} = \frac{3}{4}$$

Rechenschritte:

- Die Zähler werden addiert.
- Der Nenner bleibt bestehen.
- Das Ergebnis wird – wenn nötig – gekürzt.

Subtrahieren von gleichnamigen Brüchen

Beispielaufgabe: $\frac{4}{5} - \frac{1}{5}$

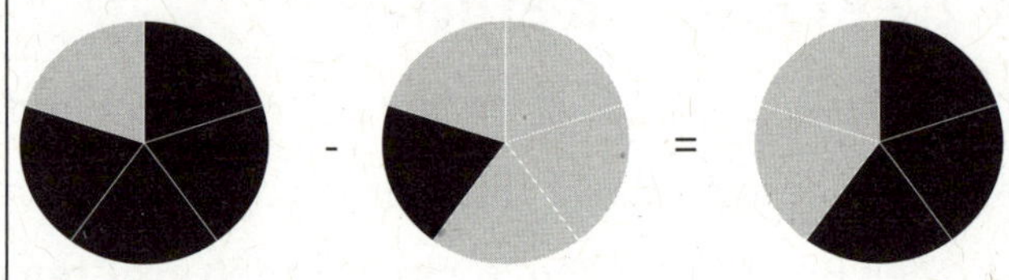

$$\frac{4}{5} - \frac{1}{5} = \frac{3}{5}$$

Rechenschritte:

- Die Zähler werden subtrahiert.
- Der Nenner bleibt bestehen.
- Das Ergebnis wird – wenn nötig – gekürzt.

4.4 Addieren und Subtrahieren von ungleichnamigen Brüchen

Ungleichnamige Brüche müssen, bevor sie addiert oder subtrahiert werden können, gleichnamig gemacht werden (siehe 4.2.1 Erweitern von Brüchen).

Addieren von ungleichnamigen Brüchen

Beispielaufgabe: $\frac{1}{3} + \frac{1}{2}$

$\frac{1}{3} = \frac{2}{6}$ (Zähler $\cdot 2$, Nenner $\cdot 2$) Brüche gleichnamig machen $\frac{1}{2} = \frac{3}{6}$ (Zähler $\cdot 3$, Nenner $\cdot 3$)

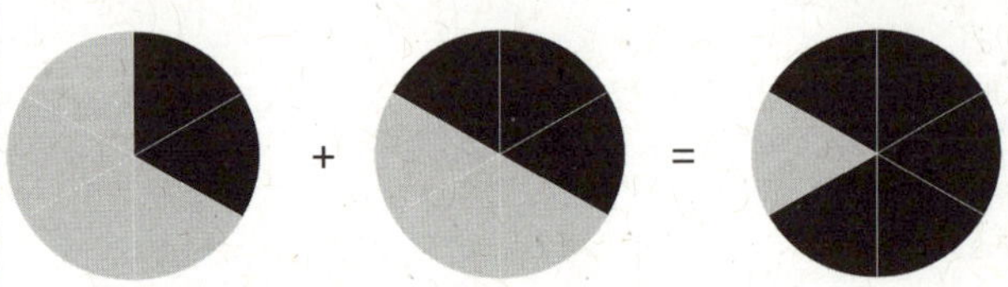

$$\frac{2}{6} + \frac{3}{6} = \frac{5}{6}$$

Rechenschritte:

- Die Brüche werden gleichnamig gemacht.
- Die Zähler werden addiert.
- Der Nenner bleibt bestehen.
- Das Ergebnis wird – wenn nötig – gekürzt.

Subtrahieren von ungleichnamigen Brüchen

Beispielaufgabe: $\frac{2}{3} - \frac{1}{2}$

$\frac{2}{3} = \frac{4}{6}$ (Zähler $\cdot 2$, Nenner $\cdot 2$) Brüche gleichnamig machen $\frac{1}{2} = \frac{3}{6}$ (Zähler $\cdot 3$, Nenner $\cdot 3$)

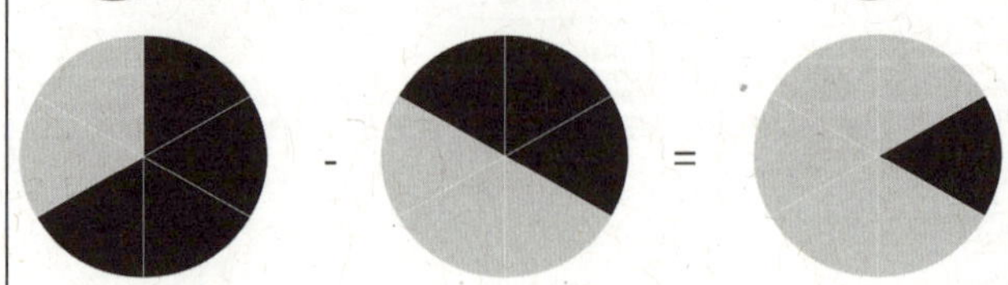

$$\frac{4}{6} - \frac{3}{6} = \frac{1}{6}$$

Rechenschritte:

- Die Brüche werden gleichnamig gemacht.
- Die Zähler werden subtrahiert.
- Der Nenner bleibt bestehen.
- Das Ergebnis wird – wenn nötig – gekürzt.

4.5 Multiplizieren und Dividieren von Brüchen

Das Multiplizieren von Brüchen ist einfach. Es werden Zähler mit Zähler sowie Nenner mit Nenner multipliziert.

Multiplizieren von Brüchen

Beispielaufgabe: $\frac{2}{5} \cdot \frac{1}{3}$

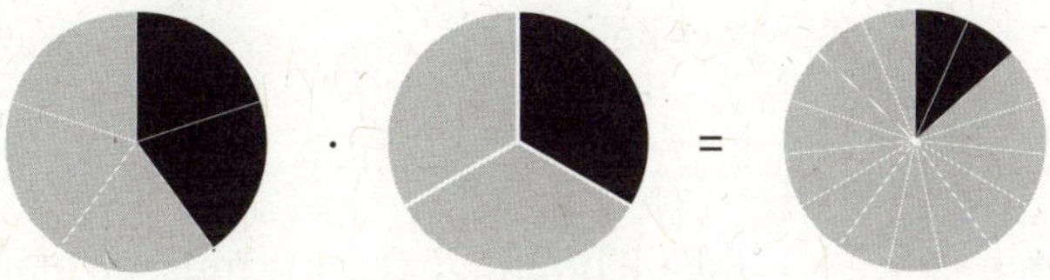

$$\frac{2}{5} \cdot \frac{1}{3} = \frac{2}{15}$$

Rechenweg:

- Die Zähler der beiden Brüche werden miteinander multipliziert.
- Die Nenner der beiden Brüche werden miteinander multipliziert.
- Das Ergebnis wird – wenn nötig – gekürzt.

Brüche werden dividiert, indem man den ersten Bruch mit dem Kehrwert des zweiten Bruchs **multipliziert**.

Der Kehrwert wird gebildet, indem man den Zähler und den Nenner vertauscht.

Dividieren von Brüchen

Beispielaufgabe: $\frac{1}{2} : \frac{7}{3} \Rightarrow \frac{1}{2} \cdot \frac{3}{7}$

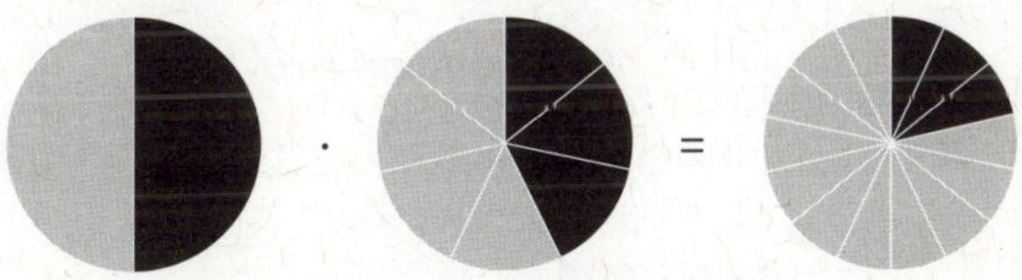

$$\frac{1}{2} \cdot \frac{3}{7} = \frac{3}{14}$$

Rechenweg:

- Der erste Bruch bleibt bestehen.
- Das Divisionszeichen : wird durch ein Multiplikationszeichen · ersetzt.
- Beim zweiten Bruch werden Zähler und Nenner vertauscht (Kehrwert).
- Die Zähler der beiden Brüche werden miteinander multipliziert.
- Die Nenner der beiden Brüche werden miteinander multipliziert.
- Das Ergebnis wird – wenn nötig – gekürzt.

! Der Kehrwert eines Bruches wird gebildet, indem der Zähler und der Nenner vertauscht werden.

Kehrwert $\frac{2}{3} \rightleftarrows \frac{3}{2}$

Zusammenfassung Bruchrechnung

Addition von Brüchen

Gleichnamige Brüche werden addiert, indem die Zähler addiert werden. Der Nenner bleibt bestehen.

Beispiel:

$$\frac{1}{4} + \frac{2}{4} = \frac{3}{4}$$

Ungleichnamige Brüche müssen gleichnamig gemacht werden, bevor sie addiert werden.

$$\frac{2}{5} + \frac{1}{3}$$

Brüche gleichnamig machen

$$\frac{2}{5} \overset{\cdot 3}{=} \frac{6}{15} \qquad \frac{1}{3} \overset{\cdot 5}{=} \frac{5}{15}$$

$$\frac{6}{15} + \frac{5}{15}$$

$$= \frac{11}{15}$$

Subtraktion von Brüchen

Gleichnamige Brüche werden subtrahiert, indem die Zähler voneinander subtrahiert werden. Der Nenner bleibt bestehen.

Beispiel:

$$\frac{4}{5} - \frac{1}{5} = \frac{3}{5}$$

Ungleichnamige Brüche müssen gleichnamig gemacht werden, bevor sie subtrahiert werden.

$$\frac{2}{5} - \frac{1}{3}$$

Brüche gleichnamig machen

$$\frac{2}{5} \overset{\cdot 3}{=} \frac{6}{15} \qquad \frac{1}{3} \overset{\cdot 5}{=} \frac{5}{15}$$

$$\frac{6}{15} - \frac{5}{15}$$

$$= \frac{1}{15}$$

Multiplikation von Brüchen

Brüche werden miteinander multipliziert, indem Zähler mit Zähler und Nenner mit Nenner multipliziert werden.

$$\frac{2}{5} \cdot \frac{1}{3}$$

$$\frac{\text{Zähler}}{\text{Nenner}} \quad \frac{2}{5} \cdot \frac{1}{3} = \frac{2}{15}$$

Division von Brüchen

Brüche werden dividiert, indem der erste Bruch mit dem Kehrwert des zweiten Bruches multipliziert wird.

Der 1. Bruch bleibt bestehen.

$$\frac{2}{5} : \frac{1}{3}$$

Beim 2. Bruch werden Zähler und Nenner vertauscht (Kehrwert)

$$\frac{\text{Zähler}}{\text{Nenner}} \quad \frac{2}{5} \cdot \frac{3}{1} = \frac{6}{5} = 1\frac{1}{5}$$

4.6 Übungsaufgaben zur Bruchrechnung

1. Erweitern Sie die Brüche und ergänzen Sie den fehlenden Zähler oder Nenner!

a) $\frac{4}{7} = \frac{\square}{35}$ b) $\frac{7}{18} = \frac{21}{\square}$ c) $\frac{9}{13} = \frac{\square}{65}$ d) $\frac{2}{11} = \frac{18}{\square}$ e) $\frac{15}{38} = \frac{\square}{114}$

2. Kürzen Sie die folgenden Brüche!

a) $\frac{15}{25}$ b) $\frac{16}{20}$ c) $\frac{28}{35}$ d) $\frac{72}{81}$ e) $\frac{36}{96}$

3. Vergleichen Sie die folgenden Brüche. Setzen Sie die Zeichen **>** , **<** oder **=** !

a) $\frac{2}{3} \square \frac{1}{2}$ b) $\frac{3}{8} \square \frac{9}{24}$ c) $\frac{3}{5} \square \frac{15}{25}$ d) $\frac{8}{28} \square \frac{3}{7}$ e) $\frac{1}{4} \square \frac{9}{12}$

4. Addieren oder subtrahieren Sie die folgende Brüche und kürzen Sie das Ergebnis, wenn nötig!

a) $\frac{5}{2} + \frac{2}{8}$ b) $\frac{3}{4} - \frac{1}{2}$ c) $\frac{6}{18} + \frac{2}{6}$ d) $\frac{4}{5} - \frac{2}{9}$ e) $\frac{11}{12} - \frac{3}{8}$

5. Multiplizieren oder dividieren Sie die folgenden Brüche und kürzen Sie das Ergebnis, wenn nötig!

a) $\frac{5}{6} \cdot \frac{3}{4}$ b) $\frac{16}{9} : \frac{2}{3}$ c) $\frac{11}{12} \cdot \frac{3}{8}$ d) $\frac{5}{7} : \frac{8}{9}$ e) $\frac{7}{2} : \frac{4}{9}$

6. Eine Verkäuferin verpackt 2 Kilogramm Pralinen in Tüten zu je $\frac{1}{8}$ Kilogramm.
Wie viele Tüten kann sie füllen?

7. Eine Kundin kauft Nüsse aus dem Sonderangebot. Sie wählt $\frac{3}{4}$ Kilogramm Haselnüsse, $\frac{1}{8}$ Kilogramm Erdnüsse, $\frac{13}{16}$ Kilogramm Walnüsse und $\frac{10}{32}$ Kilogramm Paranüsse.
Wie viel Kilogramm Nüsse kauft die Kundin insgesamt?

8. Der Supermarkt erhält 30 Kilogramm Lebensmittel von seinem Großhändler. Bei $\frac{2}{3}$ der gesamten Lieferung handelt es sich um Obst. $\frac{1}{5}$ des Obstes ist jedoch verdorben und damit unverkäuflich.
Wie viele Kilogramm Obst stehen noch für den Verkauf bereit?

9. Die Einzelhändler einer Einkaufspassage werben gemeinsam für den bevorstehenden Weihnachtsbasar. Die Werbekosten in Höhe von 2.000,00 € werden entsprechend der Fläche der einzelnen Geschäfte verteilt.

Der Supermarkt trägt einen Anteil von $\frac{1}{5}$, die vier Boutiquen einen Anteil von insgesamt $\frac{1}{2}$, der Rest wird vom Elektrofachmarkt getragen. Welcher Anteil in € entfällt auf den Elektrofachmarkt?

10. Im Rahmen einer Umfrage werden 600 Kunden eines Supermarktes befragt, ob sie Kaffeetrinker sind. $\frac{3}{4}$ der Kunden bejahen dies. Von dieser Kundengruppe wählen $\frac{4}{9}$ den Kaffee der Marke „Bohne“ und $\frac{15}{27}$ die Marke „Espresso“.
Von wie vielen Kunden wird die am stärksten nachgefragte Kaffeesorte getrunken?

Lösungen siehe Seite 71 – 73.

Notizen

5. Dreisatz

Mithilfe der Dreisatzrechnung können Sie aus drei bekannten Größen die vierte, gesuchte Größe errechnen.

5.1 Dreisatz mit geradem Verhältnis

Betrachten Sie das folgende alltägliche Beispiel: In einem Supermarkt kosten 6 Äpfel 3,00 Euro. Wieviel müssen Sie bezahlen, wenn Sie 9 Äpfel kaufen möchten?

Der **Dreisatz** erfolgt immer in drei Sätzen:

1. Bedingungssatz:

Der Bedingungssatz setzt die angegebenen Werte aus der Aufgabe in die erste Zeile. Dabei steht die **gesuchte** Einheit immer **rechts**.

Auf unser Beispiel bezogen heißt der Bedingungssatz: **6 Äpfel ≙ 3,00 €**

2. Fragesatz:

Der Fragesatz setzt die Frage in die zweite Zeile. Die gesuchte Einheit steht wiederum rechts.

Die Frage aus unserem Beispiel lautet demnach: **9 Äpfel ≙ x €**

> **!** Beachten Sie bitte, dass gleiche Einheiten immer untereinander stehen!

3. Lösungssatz:

Der Lösungssatz (oder auch Bruchsatz) steht in der dritten Zeile. Sie gehen folgendermaßen vor:

- Die Zahl, die über dem x steht, wird immer als erste Zahl auf den Bruchstrich geschrieben (**Beispiel: 3,00 €**).
- Anschließend betrachten Sie die erste Zahl des Bedingungssatzes (**Beispiel: 6 Äpfel**)

Um herauszufinden, ob diese Zahl auf den Bruchstrich oder unter den Bruchstrich geschrieben wird, stellen Sie die Frage nach einer Einheit.

Beispiel: 6 Äpfel kosten 3,00 €, 1 Apfel kostet **weniger** ↓, das bedeutet, die 6 wird **unter den Bruchstrich** geschrieben und danach die 9 auf den Bruchstrich.

Der Dreisatz sieht damit folgendermaßen aus:

1. Bedingungssatz: **6 Äpfel ≙ 3,00 €**

2. Fragesatz: **9 Äpfel ≙ x €**

3. Lösungssatz: $x = \frac{3{,}00\,€ \cdot 9\text{ Äpfel}}{6\text{ Äpfel}} = 4{,}50\,€$

6 Äpfel ≙ 3,00 €
: 6 ↓ : 6
1 Apfel ≙ 0,50 €
· 9 ↓ · 9
9 Äpfel ≙ 4,50 €

Je mehr Äpfel Sie kaufen, desto mehr müssen Sie bezahlen. Dieses Verhältnis bezeichnet man als einen **Dreisatz mit geradem Verhältnis**.

Dreisatz

Regel:

Beim einfachen Dreisatz mit geradem Verhältnis vermehren und vermindern sich die Werte im gleichen Verhältnis.

Je mehr ⟶ desto mehr = gerades Verhältnis
Je weniger ⟶ desto weniger = gerades Verhältnis

5.2 Dreisatz mit ungeradem Verhältnis

Betrachten Sie eine weitere Beispielaufgabe:

Für Lagerarbeiten benötigen 2 Mitarbeiter 3 Stunden. Wie lange brauchen 6 Mitarbeiter für die gleiche Arbeit?

Rechenweg:

1. Bedingungssatz:

Die angegebenen Werte aus der Aufgabe werden in die erste Zeile gesetzt. Die gesuchte Einheit steht rechts.

Auf unser Beispiel bezogen heißt der Bedingungssatz: **2 Mitarbeiter ≙ 3 Stunden**

2. Fragesatz:

Der Fragesatz setzt die Frage in die zweite Zeile. Die gesuchte Einheit steht wiederum rechts.

Die Frage aus unserem Beispiel lautet: **6 Mitarbeiter ≙ x Stunden**

3. Lösungssatz:

Der Lösungssatz (oder auch Bruchsatz) steht in der dritten Zeile. Sie gehen folgendermaßen vor:

- Die Zahl, die über dem **x** steht, wird als erste Zahl auf den Bruchstrich geschrieben (**Beispiel: 3 Stunden**).
- Anschließend betrachten Sie die erste Zahl des Bedingungssatzes (**Beispiel: 2 Mitarbeiter**)

Um herauszufinden, ob die Zahl auf oder unter den Bruchstrich geschrieben wird, stellen Sie die Frage nach einer Einheit.

Beispiel: 2 Mitarbeiter benötigen 3 Stunden, 1 Mitarbeiter benötigt **mehr** ▲ Zeit für die gleiche Arbeit, das bedeutet, die 2 wird **auf den Bruchstrich** geschrieben und die 6 damit unter den Bruchstrich.

Der Dreisatz sieht damit folgendermaßen aus:

1. Bedingungssatz: 2 Mitarbeiter ≙ 3 Stunden

2. Fragesatz: 6 Mitarbeiter ≙ x Stunden

3. Lösungssatz: $x = \frac{\textbf{3 Stunden} \cdot \textbf{2 Mitarbeiter}}{\textbf{6 Mitarbeiter}} = \textbf{1 Stunde}$

2 Mitarbeiter ≙ 3 Stunden

: 2 | · 2

1 Mitarbeiter ≙ 6 Stunden

· 6 | : 6

6 Mitarbeiter ≙ 1 Stunde

Je mehr Mitarbeiter für eine Arbeit zur Verfügung stehen, desto weniger Zeit wird für die Arbeit benötigt. Dieses Verhältnis bezeichnet man als einen **Dreisatz mit ungeradem Verhältnis**.

Regel:

Beim einfachen Dreisatz mit ungeradem Verhältnis verändern sich die Werte gegensätzlich.

Je mehr ⟶ desto weniger = ungerades Verhältnis
Je weniger ⟶ desto mehr = ungerades Verhältnis

Dreisatz

Zusammenfassung Dreisatz

Der **Dreisatz** erfolgt immer in drei Schritten:

1. Der **Bedingungssatz** setzt die angegebenen Werte in die erste Zeile. Die gesuchte Einheit steht rechts.
2. Der **Fragesatz** setzt die Frage in die zweite Zeile. Gleiche Einheiten stehen immer untereinander.
3. Der **Lösungssatz** (oder auch der Bruchsatz) steht in der dritten Zeile.

- Einfacher Dreisatz mit **geradem Verhältnis**:
  Die gegebene Einheit des Fragesatzes wird in den Zähler gestellt, die Einheit des Bedingungssatzes in den Nenner.
- Einfacher Dreisatz mit **ungeradem Verhältnis**:
  Die gegebene Einheit des Fragesatzes wird in den Nenner gestellt, die Einheit des Bedingungssatzes in den Zähler.

Die Zahl, die über dem **x** steht, wird immer als erste Zahl auf den Bruchstrich geschrieben.

5.3 Übungsaufgaben zum Dreisatz

1. Sie bestellen beim Großhändler ein Sortiment Stahlnägel.

Bitte berechnen Sie die fehlenden Werte:

	a)	b)	c)
Preis für 2.500 Stahlnägel			75,00 €
Preis für 1 Stahlnagel		0,06 €	
Preis für 1.750 Stahlnägel	70,00 €		

2. Berechnen Sie die folgenden Aufgaben mithilfe des Dreisatzes!

a) 4 Liter Milch kosten 3,60 Euro. Wieviel kosten 7 Liter Milch?

b) Von einem 90 cm breiten Stoff benötigt eine Kundin 5,35 Meter. Wieviel Meter würde sie benötigen, wenn der Stoff 160 cm breit ist?

c) 650 g Fleisch kosten 7,99 Euro. Wie hoch ist der Preis für 1.000 g Fleisch?

3. Wenn alle 20 Auszubildenden eines Warenhauses an einem Ausflug teilnehmen, kostet der Bus pro Person 15,00 €.

Wie viel Euro betragen die Fahrtkosten pro Person, wenn drei Teilnehmer wegen Krankheit absagen?

4. Sie fahren regelmäßig mit dem Fahrrad zur Berufsschule. Für die 3,3 Kilometer lange Strecke benötigen Sie 11 Minuten.

Wie viele Minuten benötigen Sie für diesen Weg, wenn Sie zu Fuß gehen und 6 Kilometer in 60 Minuten schaffen?

5. Ein Kunde hat 12 Gläser zu je 6,00 € gekauft und möchte sie gegen andere Gläser zu je 9,00 € umtauschen.

Wie viele Gläser erhält er für den gleichen Gesamtpreis?

6. Ein Drucker benötigt 12 Minuten, um 500 Seiten zu drucken.

a) Wie lange dauert es, 750 Seiten zu drucken?

b) Wie viele Seiten druckt das Gerät in 27 Minuten?

7. Für den Einbau einer Küche benötigen 2 Handwerker 12 Stunden.

Wie viele Handwerker werden benötigt, wenn die Küche in 8 Stunden eingebaut werden soll?

8. 15 Einzelhändler eines Einkaufszentrums zahlen jeweils 180,00 € für die Gemeinschaftswerbung für den bevorstehenden Sonntagsverkauf.

Wie viel Euro muss jeder Einzelhändler zahlen, wenn sich zwei weitere Geschäfte an der Werbung beteiligen und die Gesamtkosten gleich bleiben?

9. Für einen Umsatz von 6.640,00 € erhält eine Verkäuferin eine Umsatzprämie von 33,20 €.

Wie viel € beträgt die Umsatzprämie ihrer Kollegin, die 3.400,00 € Umsatz erzielt hat?

10. Für das bevorstehende Weihnachtsgeschäft werden Aushilfen eingestellt, damit ausreichend Personal für die Kunden zur Verfügung steht. Die Aushilfe Frau Schmidt hat bei ihrem letzten Einsatz in 16 Stunden 152,00 € verdient. Diesmal wird sie 22 Stunden eingesetzt.

Wie hoch ist ihr Verdienst in Euro?

Lösungen siehe Seite 74 – 75.

Notizen

6. Durchschnittsrechnen

6.1 Einfacher Durchschnitt

Mithilfe dieses Rechenverfahrens wird aus mehreren Werten ein Durchschnittswert (Mittelwert) errechnet.

Der einfache Durchschnitt wird berechnet, indem zunächst die Einzelwerte zu einer Summe addiert und anschließend diese Summe durch die Anzahl der einzelnen Werte geteilt wird.

Beispielaufgabe:

Ein Einzelhändler erzielte in einer Woche folgende Tagesumsätze:

Montag:	2.320,00 €	**Donnerstag:**	1.050,00 €
Dienstag:	1.650,00 €	**Freitag:**	1.825,00 €
Mittwoch:	1.250,00 €	**Samstag:**	2.105,00 €

Wie viel Euro beträgt der tägliche Umsatz im Durchschnitt?

Rechenweg:

1. Rechenschritt: Addieren Sie die Einzelwerte.

	Anzahl (Wochentage)		**Einzelwert** (Tagesumsätze)
1.	Montag		2.320,00 €
2.	Dienstag	+	1.650,00 €
3.	Mittwoch	+	1.250,00 €
4.	Donnerstag	+	1.050,00 €
5.	Freitag	+	1.825,00 €
6.	Samstag	+	2.105,00 €
	Summe	=	**10.200,00 €**

Die Summe der Einzelwerte beträgt **10.200,00 €**, die Anzahl der Einzelwerte beträgt **6** Wochentage.

2. Rechenschritt: Teilen Sie die Summe der Einzelwerte durch die Anzahl der Einzelwerte.

$$\frac{\text{Summe der Einzelwerte}}{\text{Anzahl der Einzelwerte}} = \frac{\text{10.200,00 € Gesamtumsatz}}{\text{6 Wochentage}} = \textbf{1.700,00 € Durchschnittsumsatz je Wochentag}$$

Formel:

$$\textbf{Einfacher Durchschnitt} = \frac{\text{Summe der Einzelwerte}}{\text{Anzahl der Einzelwerte}}$$

6.2 Gewogener Durchschnitt

Der gewogene Durchschnitt wird immer dann errechnet, wenn die Einzelwerte unterschiedlich stark in das Ergebnis einfließen.

Der gewogene Durchschnitt wird errechnet, indem zunächst die Einzelwerte mit den angegebenen Mengen multipliziert und die Ergebnisse anschließend addiert werden.

Die Summe dieser Ergebnisse – die gewogene Summe der Einzelwerte – wird anschließend durch die Gesamtmenge geteilt.

Beispielaufgabe:
Zur Herstellung einer Pralinenmischung werden die folgenden drei Sorten gemischt:

Sorte	**Menge**	**Preis pro Kilogramm**
Nougatpralinen	3 kg	17,70 €
Marzipanpralinen	1 kg	29,80 €
Sahnetrüffel	2 kg	36,70 €

Berechnen Sie den Preis für 1 Kilogramm dieser Mischung!

Rechenweg:

1. Rechenschritt: Multiplikation von Menge und Preis je Sorte und Addition der einzelnen Ergebnisse.

Sorte	**Menge** (Gewicht)		**Preis pro Kilogramm**		**Einzelwerte**
Nougatpralinen	3 kg	·	17,70 €	=	53,10 €
Marzipanpralinen	1 kg	·	29,80 €	=	29,80 €
Sahnetrüffel	2 kg	·	36,70 €	=	73,40 €
Summe	6 kg				156,30 €

Die gewogene Summe der Einzelwerte beträgt **156,30 €**, die Gesamtmenge beträgt **6 kg**.

2. Rechenschritt: Division der gewogenen Summe der Einzelwerte durch die Anzahl der Einzelwerte.

$$\frac{\text{gewogene Summe der Einzelwerte}}{\text{Gesamtmenge}} = \frac{156{,}30\text{ € Gesamtsumme}}{6\text{ kg Pralinen}} = \textbf{26,05 €}\text{ Durchschnittspreis je Kilogramm}$$

Formel:

$$\textbf{Gewogener Durchschnitt} = \frac{\text{gewogene Summe der Einzelwerte}}{\text{Gesamtmenge}}$$

Zusammenfassung Durchschnittsrechnen

$$\textbf{Einfacher Durchschnitt} = \frac{\text{Summe der Einzelwerte}}{\text{Anzahl der Einzelwerte}}$$

$$\textbf{Gewogener Durchschnitt} = \frac{\text{gewogene Summe der Einzelwerte}}{\text{Gesamtmenge}}$$

6.3 Übungsaufgaben zum Durchschnittsrechnen

1. Die fünf Auszubildenden eines Warenhauses erhalten die Ergebnisse ihrer Abschlussprüfung. Max erzielte 82 Punkte, Alexander 71 Punkte, Marie 92 Punkte, Lisa 56 Punkte und Julia 69 Punkte.

Welche durchschnittliche Punktzahl haben die Auszubildenden erreicht?

2. Der Geschäftsführer eines Warenhauses ermittelt, welcher Sortimentsbereich den höchsten Umsatz pro m^2 erzielt hat.

Ermitteln Sie den höchsten Umsatz in € pro m^2 aus den drei Sortimentsbereichen.

Sortimentsbereich	**Verkaufsfläche**	**Umsatz**
Herrenbekleidung	125 m^2	420.000 €
Damenbekleidung	175 m^2	525.000 €
Kinderbekleidung	60 m^2	192.000 €

3. Die Transportkosten für die Warenlieferungen betrugen in den einzelnen Quartalen:
Quartal I: 456,12 €, **Quartal II**: 286,45 €, **Quartal III**: 367,89 €, **Quartal IV**: 354,86 €

Wie hoch waren die Transportkosten durchschnittlich pro Monat?

4. Herr Müller verkauft an einem Tag Waren im Wert von 768,00 €, dafür stellt er 32 Kassenzettel aus. Sein Kollege Schmidt stellt am gleichen Tag 18 Kassenzettel aus, der Wert der verkauften Waren beträgt 864,00 €.

Wie viel € beträgt der Durchschnittswert je Kassenzettel?

5. Im Eingangsbereich eines Warenhauses wurde auf der Sonderfläche ein „Herbstmarkt" aufgebaut, den im Laufe des Tages 1.674 Kunden besucht haben. Der Herbstmarkt ist zu folgenden Zeiten geöffnet: 09:00 bis 13:00 Uhr und 15:00 bis 20:00 Uhr

Wie viele Kunden haben den Herbstmarkt im Durchschnitt je Stunde besucht?

6. Ein Einzelhändler kaufte im letzten Jahr folgenden Kaffeesorten:

Arabica 150 kg zu 9,50 € je Kilogramm, Robusta 100 kg zu 7,50 € je Kilogramm und Liberica 120 kg zu 5,50 € je Kilogramm.

Wie hoch war der Durchschnittspreis je Kilogramm Kaffee?

7. Zum Ende der Wintersaison ist noch ein Rest Skimützen vorrätig:

7 Mützen zu je 7,40 €, 3 Mützen zu je 12,30 €, 4 Mützen zu je 9,75 €, 8 Mützen zu je 11,40 €.

Die Skimützen sollen zu einem einheitlichen Durchschnittspreis verkauft werden.

Zu welchem Durchschnittspreis bieten Sie eine Skimütze an?

8. Für Lagerarbeiten benötigt ein Mitarbeiter in einer Woche folgende Zeiten: Montag 2,5 Stunden, Dienstag 3 Stunden, Mittwoch 1 Stunde, am Donnerstag und am Freitag je 1,5 Stunden.

Wie viele Stunden hat der Mitarbeiter im Tagesdurchschnitt für die Arbeiten benötigt?

9. Ein Einzelhändler stellt eine Gebäckmischung her. Er mischt 3 kg der Sorte I zu 8,00 € je kg, 5 kg der Sorte II zu 5,60 € je kg und 2 kg der Sorte III zu 7,50 € je kg.

Wie viel € kosten 0,5 kg der Mischung?

10. In dieser Woche wurden in einer Abteilung folgende Umsatz- und Kundenzahlen notiert:

Wochentag	**Umsatz**	**Kunden**
Montag	16.850,70 €	702 Kunden
Dienstag	18.592,05 €	840 Kunden
Mittwoch	14.387,92 €	553 Kunden
Donnerstag	21.716,12 €	986 Kunden
Freitag	19.381,70 €	837 Kunden
Samstag	11.436,90 €	354 Kunden

a) Wie hoch ist der durchschnittliche Umsatz pro Tag?

b) Wie hoch ist die durchschnittliche Anzahl Kunden je Tag?

c) Für wie viel Euro hat ein Kunde im Wochendurchschnitt eingekauft?

Lösungen siehe Seite 76 – 78.

7. Verteilungsrechnen

Dieses Rechenverfahren ermöglicht eine gerechte Verteilung einer bestimmten Größe (z. B. Umsatz, Gewinn, Kosten) nach einem festgelegten Verteilungsschlüssel. Als Verteilungsschlüssel dienen dabei zum Beispiel Verteilungszahlen, Brüche, Prozentzahlen oder Anteile.

Beispielaufgabe:
Eine Verkaufsprämie in Höhe von 900,00 € soll unter drei Mitarbeitern aufgeteilt werden. Herr Müller erhält 7 Anteile, Herr Schmitt 13 Anteile und Herr Meyer 10 Anteile. Welche Prämie erhält jeder Mitarbeiter?

Sie gehen bei der Verteilungsrechnung in folgenden Schritten vor:

Rechenweg:

1. Rechenschritt: Stellen Sie eine Tabelle auf.

2. Rechenschritt: Tragen Sie den Verteilungsschlüssel ein.

	Verteilungsschlüssel	**Prämie**
Herr Müller	7 Anteile	7 Anteile · 30,00 € = 210,00 €
Herr Schmitt	13 Anteile	13 Anteile · 30,00 € = 390,00 €
Herr Meyer	10 Anteile	10 Anteile · 30,00 € = 300,00 €
	30 Anteile ≙	**900,00 €**
	1 Anteil ≙	900,00 € : 30 Anteile = 30,00 €

3. Rechenschritt: Addieren Sie die einzelnen Anteile.

4. Rechenschritt: Dem Gesamtanteil wird der zu verteilende Wert gegenübergestellt.

5. Rechenschritt: Durch Division wird errechnet, welcher Wert einem Anteil entspricht.

6. Rechenschritt: Durch Multiplikation werden die jeweiligen Ergebnisse berechnet

Zusammenfassung Verteilungsrechnen

1. Aufstellen einer Tabelle.
2. Eintragung des Verteilungsschlüssels.
3. Addition der angegebenen Anteile.
4. Gegenüberstellung des zu verteilenden Wertes.
5. Durch Division wird bestimmt, welcher Wert einem Anteil entspricht.
6. Durch Multiplikation werden die anteiligen Ergebnisse berechnet.

Verteilungsrechnen

7.1 Übungsaufgaben zum Verteilungsrechnen

1. Drei Auszubildende haben für die tägliche Fahrt zur Arbeit eine Fahrgemeinschaft gebildet. Max ist an 20 Tagen, Felix an 15 Tagen und Tim an 17 Tagen mitgefahren. Die Benzinkosten in Höhe von 122,20 € werden im Verhältnis der Tage aufgeteilt, an denen die Auszubildenden mitgefahren sind.

   Wie viel Euro Benzinkosten muss jeder Auszubildende zahlen?

2. Eine Kundin kauft 1 kg einer Gebäckmischung aus dem Sonderangebot. Die Mischung besteht aus $\frac{1}{8}$ Haferkekse, $\frac{3}{8}$ Mandelkonfekt und $\frac{1}{2}$ Spritzgebäck.

   Wie viel Gramm Mandelkonfekt sind in der Mischung enthalten?

3. Vier Freunde nehmen anlässlich der Fußball-EM an einem Tippspiel teil. Fabian beteiligt sich mit 14,00 €, Niklas mit 13,00 €, Tom mit 8,00 € und Florian mit 12,00 €. Ein Gesamtgewinn von 2.570,90 € wird im Verhältnis der Beteiligungen verteilt.

   Welchen Gewinnanteil in Euro erhält Niklas?

4. In einem Mehrfamilienhaus werden die Heizkosten in Höhe von 2.700,00 € nach der Wohnfläche der einzelnen Wohnungen verteilt: Wohnung Erdgeschoss 95 m^2, Wohnung 1. Obergeschoss 80 m^2 und Wohnung Dachgeschoss 50 m^2.

   Welche Heizkosten in Euro entfallen auf die jeweilige Wohnung?

5. Die Zweigniederlassungen eines Einzelhandelsunternehmens haben folgende Umsätze erzielt: Niederlassung A: 38.000,00 €, Niederlassung B: 62.000,00 €, Niederlassung C: 21.000,00 € und Niederlassung D: 29.000,00 €. Die Betriebskosten in Höhe von 12.000,00 € werden im Verhältnis der Umsätze der Zweigniederlassungen verteilt.

   Wie hoch ist der Betriebskostenanteil der Zweigniederlassung C in Euro?

6. Drei Abteilungen eines Warenhauses beteiligen sich an der Sonderaktion „Italienische Woche". Die Kosten für die Werbung betragen 5.400,00 €. Diese Kosten sollen nach der Größe der Verkaufsfläche auf die folgenden Abteilungen verteilt werden: Haushaltswaren 600 m^2, Lebensmittel 1.200 m^2, Damenoberbekleidung 900 m^2.

   Welche Kosten in Euro entfallen auf die jeweilige Abteilung?

7. Ein Sportgeschäft mit einer Verkaufsfläche von 1.300 m^2 wird umgebaut. Die Bereiche Sportgeräte, Sportbekleidung, Sportschuhe und Sportausrüstung werden im Verhältnis 4 : 3 : 1 : 2 aufgeteilt.

   Welche Verkaufsfläche in m^2 steht für die Sportgeräte zur Verfügung?

8. Für eine Lebensmittellieferung von 190 kg Obst, 120 kg Gemüse und 150 kg Kaffee fallen Transportkosten in Höhe von insgesamt 73,60 € an.

   Wie viel Euro Transportkosten entfallen auf die Gemüselieferung?

9. Der Inhaber eines Schreibwarengeschäfts bezahlt monatlich 1.827,00 € Miete für die Geschäftsräume. Der Verkaufsraum hat eine Größe von 15 Meter x 8 Meter, das Lager 8 Meter x 6 Meter und das Büro 4 Meter x 3 Meter.

Welcher Mietanteil in Euro ist für den Verkaufsraum zu zahlen?

10. Die Inhaberinnen einer Damenboutique erzielen einen Gewinn in Höhe von 38.535,00 €, der entsprechend der Geschäftsanteile verteilt wird. Frau Müller hat einen Anteil von $\frac{2}{7}$, Frau Günther von $\frac{1}{3}$ und Frau Schmidt hält den restlichen Anteil.

Wie viel Euro Gewinn erhält jede der Inhaberinnen?

Lösungen siehe Seite 78 – 81.

Notizen

8. Prozentrechnung

Die Prozentrechnung begegnet Ihnen im Einzelhandel täglich, z. B. bei der Berechnung von Umsatzsteuerbeträgen, von Rabatten und Skonto sowie bei der Kalkulation der Verkaufspreise.

Prozent bedeutet „von Hundert".

Die Prozentrechnung geht davon aus, dass das Ganze immer aus hundert Teilen besteht.

Das Prozentzeichen hinter einer Zahl heißt daher immer geteilt durch Hundert.

$$1\,\% = \frac{1}{100} \qquad 25\,\% = \frac{25}{100} \qquad 50\,\% = \frac{50}{100}$$

Die Prozentangabe wird benutzt, um den Anteil an dem Ganzen anzugeben.

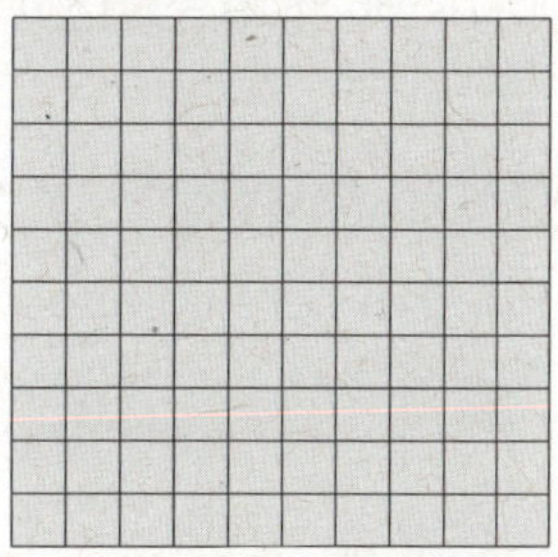

100 Teile = 100 %

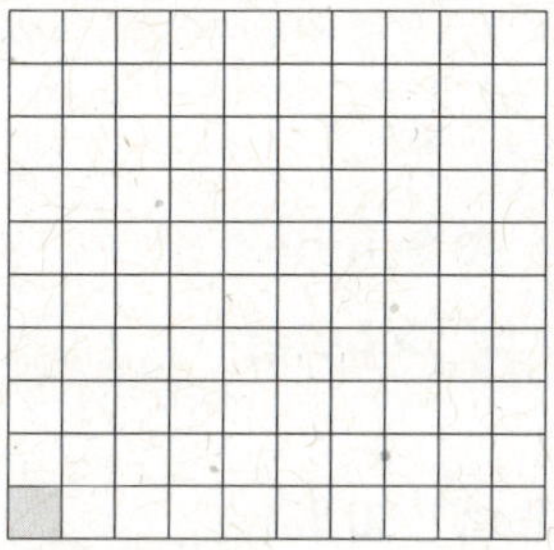

1 Teil von 100 Teilen = 1 %

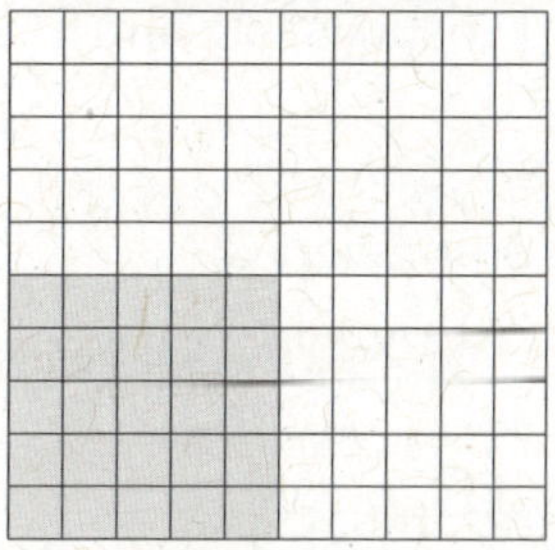

25 Teile von 100 Teilen = 25 %

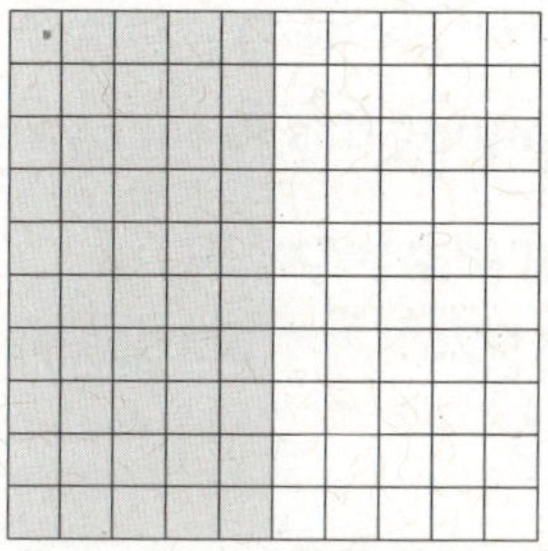

50 Teile von 100 Teilen = 50 %

In der Prozentrechnung wird mit den folgenden drei Größen gerechnet:

- Der **Grundwert steht für das Ganze** und entspricht grundsätzlich 100 %. In den Formeln wird der Grundwert mit dem Buchstaben „**G**" abgekürzt.
- Der **Prozentsatz** gibt an, welcher Teil von 100 berechnet werden soll. In den Formeln wird der Prozentsatz mit dem Buchstaben „**p**" abgekürzt.
- Der **Prozentwert** ist ein Teil des Grundwertes, also ein Teil vom Ganzen. Die Abkürzung für den Prozentwert lautet „**w**".

Die Prozentrechnung ist der Dreisatzrechnung ähnlich, sie erfolgt nach dem Prinzip des Dreisatzes mit geradem Verhältnis.

In der Regel sind in den Aufgaben zur Prozentrechnung zwei der drei Größen angegeben.

Dabei haben der Grundwert und der Prozentwert immer die gleiche Einheit (z. B. Stück, Euro, Kilogramm, Meter usw.). Den Prozentsatz erkennen Sie immer an dem Prozentzeichen %.

Wie beim Dreisatz bilden Sie mit den angegebenen Werten den Bedingungs- und den Fragesatz.

Beim Durchlesen der Aufgabe sollten Sie sich bereits notieren, welche Werte angegeben sind, damit Sie wissen, welchen Wert Sie berechnen sollen. Einfacher geht es allerdings mit den folgenden Formeln, die Sie auswendig lernen sollten.

Prozentrechnung

8.1 Berechnung des Prozentwertes

Beispielaufgabe:
In einer Berufsschulklasse sind 30 Schüler. Eine Mathematikprüfung wird von 60 % der Schüler mit der Note „gut“ bestanden. Wie viele Schüler sind das?

Rechenweg:

1. Rechenschritt: Welche Werte sind in der Aufgabe angegeben?

- Die gesamte Berufsschulklasse wird von 30 Schülern besucht. Das bedeutet, das Ganze (100 %), also der **Grundwert G**, entspricht der Zahl 30 (**G = 30 Schüler**).
- Die Mathematikprüfung wurde von 60 % der Schüler mit der Note „gut“bestanden. Das bedeutet, der **Prozentsatz p** entspricht 60 % (**p = 60 %**).

2. Rechenschritt: Welcher Wert soll berechnet werden?

- Der Grundwert G und der Prozentsatz p sind in der Aufgabe angegeben. Sie müssen also den **Prozentwert w** berechnen.

3. Rechenschritt: Berechnung des Prozentwertes.

- Stellen Sie den Bedingungs-, Frage- und Lösungssatz auf!

Berechnung des Prozentwertes w:

Bedingungssatz:	100 %	≙	Grundwert G	**100 % ≙ 30 Schüler**
Fragesatz:	Prozentsatz p	≙	x	**60 % ≙ x Schüler**

Lösungssatz: $x = \frac{\text{Grundwert G} \cdot \text{Prozentsatz p}}{100\ \%}$ $\quad$ $x = \frac{\textbf{30 Schüler} \cdot \textbf{60 \%}}{\textbf{100 \%}} = \textbf{18 Schüler}$

: 100 ↓ $\quad$ **100 % ≙ 30 Schüler** $\quad$ ↓ : 100

$\textbf{1 \%} \triangleq \frac{\textbf{30 Schüler}}{\textbf{100}}$

· 60 ↓ $\quad$ $\textbf{60 \%} \triangleq \frac{\textbf{30 Schüler} \cdot \textbf{60}}{\textbf{100}} = \textbf{18 Schüler}$ $\quad$ ↓ · 60

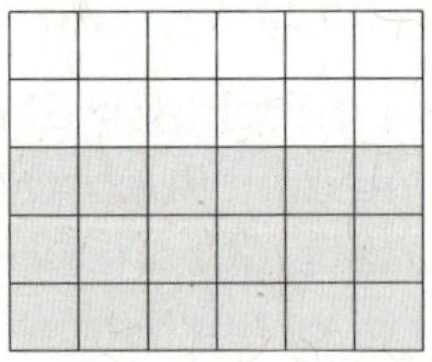

60 % von 30 Schülern = 18 Schüler

Der Prozentwert beträgt 18 Schüler, das bedeutet, die Mathematikprüfung wurde von 18 Schülern mit der Note „gut“ bestanden.

Formel:

$$\textbf{Prozentwert w} = \frac{\text{Grundwert G} \cdot \text{Prozentsatz p}}{100\ \%}$$

8.2 Berechnung des Prozentsatzes

Beispielaufgabe:
In einer Berufsschulklasse sind 30 Schüler. Eine Mathematikprüfung wird von 18 Schülern mit der Note „gut" bestanden. Wie viel Prozent der Schüler sind das?

Rechenweg:

1. Rechenschritt: Welche Werte sind in der Aufgabe angegeben?

- Die Berufsschulklasse wird von insgesamt 30 Schülern besucht. Das bedeutet, das Ganze, also der **Grundwert G** entspricht der Zahl 30 (**G = 30 Schüler**).
- Die Mathematikprüfung wurde von 18 Schülern mit der Note „gut" bestanden. Das bedeutet, der **Prozentwert w** entspricht 18 (**w = 18 Schüler**).

2. Rechenschritt: Welcher Wert soll berechnet werden?

- Der Grundwert G und der Prozentwert w sind in der Aufgabe angegeben. Sie müssen also den **Prozentsatz p** berechnen.

3. Rechenschritt: Berechnung des Prozentsatzes.

- Stellen Sie den Bedingungs-, Frage- und Lösungssatz auf!

Berechnung des Prozentsatzes p:

Bedingungssatz: Grundwert G $\hat{=}$ 100 % **30 Schüler $\hat{=}$ 100 %**

Fragesatz: Prozentwert w $\hat{=}$ x **18 Schüler $\hat{=}$ x %**

Lösungssatz: $x = \frac{100\,\% \cdot \text{Prozentwert w}}{\text{Grundwert G}}$ $\quad x = \frac{\mathbf{100\,\% \cdot 18\ Schüler}}{\mathbf{30\ Schüler}} = \mathbf{60\,\%}$

$$30 \hat{=} 100\,\% \quad (:30)$$
$$1 \hat{=} \frac{100\,\%}{30} \quad (\cdot 18)$$
$$18 \hat{=} \frac{100\,\% \cdot 18}{30} = 60\,\%$$

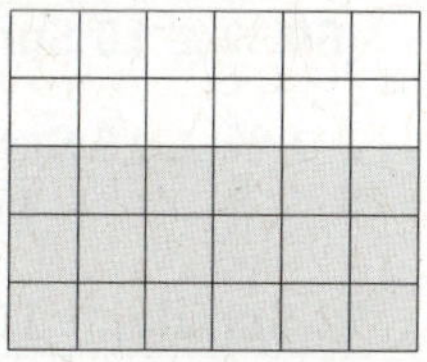

18 Schüler von 30 Schülern = 60 %

60 % der Schüler der Berufsschulklasse haben die Mathematikprüfung mit „gut" bestanden.

Formel:

$$\textbf{Prozentsatz p} = \frac{\text{Prozentwert w} \cdot 100\,\%}{\text{Grundwert G}}$$

8.3 Berechnung des Grundwertes

Beispielaufgabe:
Eine Mathematikprüfung wird von 18 Schülern mit der Note „gut" bestanden, das sind 60 % aller Schüler der Berufsschulklasse. Von wie vielen Schülern wird die Berufsschulklasse insgesamt besucht?

Rechenweg:

1. Rechenschritt: Welche Werte sind in der Aufgabe angegeben?

- 60 % der Berufsschüler haben ihre Mathematikprüfung mit der Note „gut" bestanden. Das bedeutet, der **Prozentsatz p** entspricht 60 % (**p = 60 %**).
- Diese 60 % entsprechen einer Zahl von 18 Schülern. Das bedeutet, der **Prozentwert w** entspricht 18 Schülern (**w = 18 Schüler**)

2. Rechenschritt: Welcher Wert soll berechnet werden?

- Der Prozentsatz p und der Prozentwert w sind in der Aufgabe angegeben. Sie müssen also den **Grundwert G** berechnen.

3. Rechenschritt: Berechnung des Grundwertes.

- Stellen Sie den Bedingungs-, Frage- und Lösungssatz auf!

Berechnung des Grundwertes G:

Bedingungssatz:	Prozentsatz p	≙	Prozentwert w	**60 % ≙ 18 Schüler**
Fragesatz:	100 %	≙	x	**100 % ≙ x Schüler**

Lösungssatz: $x = \frac{\text{Prozentwert w} \cdot 100\,\%}{\text{Prozentsatz p}}$ $\mathbf{x = \frac{18\text{ Schüler} \cdot 100\,\%}{60\,\%} = 30\text{ Schüler}}$

60 % ≙ 18 Schüler

: 60 ↓ : 60

1 % ≙ $\mathbf{\frac{18\text{ Schüler}}{60}}$

· 100 ↓ · 100

100 % ≙ $\mathbf{\frac{18\text{ Schüler} \cdot 100}{60} = 30\text{ Schüler}}$

100 % = 30 Schüler

Die Berufsschulklasse wird von insgesamt 30 Schülern besucht.

Formel:

Grundwert G = $\frac{\text{Prozentwert w} \cdot 100\,\%}{\text{Prozentsatz p}}$

8.4 Vermehrter und verminderter Grundwert

Manchmal ist in den Aufgaben nicht der Grundwert angegeben, der 100 % entspricht, sondern ein Grundwert, der um einen Prozentsatz seines ursprünglichen Wertes vermehrt oder vermindert ist.

Dann soll der ursprüngliche Grundwert berechnet werden.

Sie können auch hier alle Formeln der Prozentrechnung anwenden. Wichtig ist, dass Sie den Bedingungs- und Fragesatz richtig aufstellen.

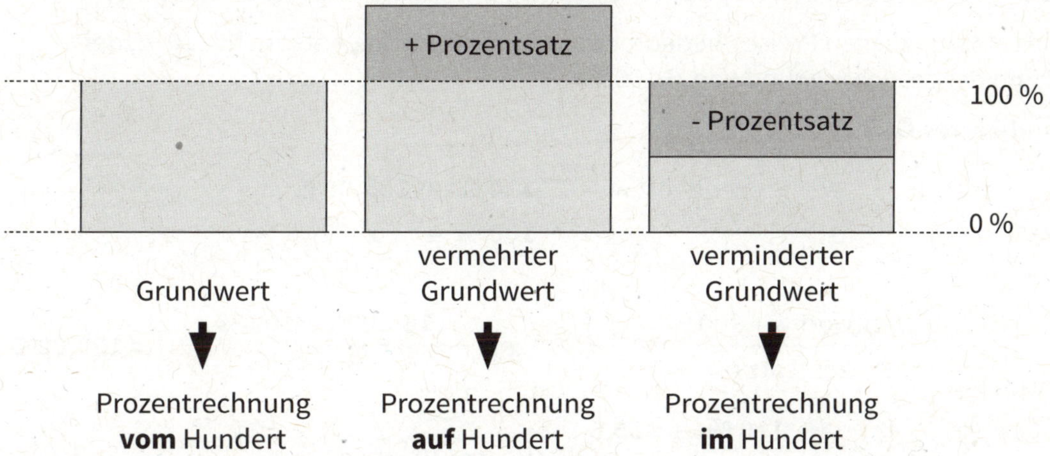

Rechnen mit dem **Grundwert** → Prozentrechnung **vom Hundert**
Rechnen mit dem **vermehrten Grundwert** → Prozentrechnung **auf Hundert**
Rechnen mit dem **verminderten Grundwert** → Prozentrechnung **im Hundert**

8.4.1 Vermehrter Grundwert

Beispielaufgabe:

Nach einer Preiserhöhung um 10 % kostet ein Artikel jetzt 165,00 €. Wie viel Euro hat der Artikel vor der Preiserhöhung gekostet?

Der urspüngliche Preis entspricht dem Grundwert G von 100 %. Der Preis nach der Preiserhöhung entspricht dem Grundwert 100 % + 10 % = 110 %.

Der Grundwert wurde um 10 % **erhöht**, daher spricht man von einem **vermehrten Grundwert**.

Für die Berechnung des ursprünglichen Preises bedeutet das, der Prozentsatz entspricht 110 %, der Prozentwert 165,00 € und der gesuchte Grundwert G 100 %.

Berechnung des Grundwertes G:

Bedingungssatz:	Prozentsatz p	≙	Prozentwert w	**110 % ≙ 165,00 €**
Fragesatz:	100 %	≙	x	**100 % ≙ x**

Lösungssatz: $x = \frac{\text{Prozentwert w} \cdot 100\,\%}{\text{Prozentsatz p}}$ $\quad$ $\mathbf{x = \frac{165{,}00\,€ \cdot 100\,\%}{110\,\%} = 150{,}00\,€}$

$$\mathbf{110\,\% \triangleq 165\,€}$$

: 110 ↓ : 110

$$\mathbf{1\,\% \triangleq \frac{165\,€}{110}}$$

· 100 ↓ · 100

$$\mathbf{100\,\% \triangleq \frac{165\,€ \cdot 100}{110} = 150\,€}$$

Der ursprüngliche Preis des Artikels betrug 150,00 €.

8.4.2 Verminderter Grundwert

Beispielaufgabe:

Nach einer Preissenkung um 20 % kostet ein Artikel jetzt noch 96,00 €. Wie viel Euro hat der Artikel vor der Preissenkung gekostet?

Der ursprüngliche Preis entspricht dem Grundwert G von 100 %. Der Preis nach der Preissenkung entspricht dem Grundwert 100 % – 20 % = 80 %.

Der Grundwert wurde um 20 % **gesenkt**, daher spricht man von einem **verminderten Grundwert**.

Für die Berechnung des ursprünglichen Preises bedeutet das, dass der Prozentsatz 80 % entspricht, der Prozentwert 96,00 € und der gesuchte Grundwert G 100 %.

Berechnung des Grundwertes G:

Bedingungssatz:	Prozentsatz p	≙	Prozentwert w	**80 % ≙ 96,00 €**
Fragesatz:	100 %	≙	x	**100 % ≙ x**

Lösungssatz: $x = \frac{\text{Prozentwert w} \cdot 100\,\%}{\text{Prozentsatz p}}$ $\quad$ $\mathbf{x = \frac{96{,}00\,€ \cdot 100\,\%}{80\,\%} = 120{,}00\,€}$

$$\mathbf{80\,\% \triangleq 96{,}00\,€}$$

: 80 $\qquad$: 80

$$\mathbf{1\,\% \triangleq \frac{96{,}00\,€}{80}}$$

· 100 $\qquad$ · 100

$$\mathbf{100\,\% \triangleq \frac{96{,}00\,€ \cdot 100}{80} = 120{,}00\,€}$$

Der Artikel hat vor der Preissenkung 120,00 € gekostet.

Prozentwert $\quad$ **w =** $\frac{\text{Grundwert G} \cdot \text{Prozentsatz p}}{100\,\%}$

Prozentsatz $\quad$ **p =** $\frac{\text{Prozentwert w} \cdot 100\,\%}{\text{Grundwert G}}$

Grundwert $\quad$ **G =** $\frac{\text{Prozentwert w} \cdot 100\,\%}{\text{Prozentsatz p}}$

Bezieht sich die Rechnung nicht auf 100, sondern auf **1 000 Teile**, spricht man von **Promillerechnung**.

Für sie gelten die gleichen Regeln wie für die Prozentrechnung, nur bezogen auf 1000.

8.5 Übungsaufgaben zur Prozentrechnung

1. Berechnen Sie die fehlenden Werte:

	a)	b)	c)	d)	e)
Grundwert G	520,00 €		19,00 €	1.532,00 €	800,00 €
Prozentwert w		216,00 €	4,75 €		56,00 €
Prozentsatz p	35 %	27 %		7 %	

2. Frau Schuster erhält monatlich ein Gehalt in Höhe von 2.511,00 €. Sie muss davon 235,16 € Lohnsteuer bezahlen.

Wie viel Prozent ihres Gehaltes sind das?

3. In einem Warenhaus sind 200 Mitarbeiter beschäftigt. 9 % davon sind Auszubildende.

Wie viele Auszubildende sind im Warenhaus beschäftigt?

4. Ein Einzelhändler erfasste im Oktober 4 Diebstahlanzeigen, das sind 5 % aller Anzeigen des gesamten Jahres.

Wie viele Diebstahlanzeigen gab es im gesamten Jahr?

5. Der Gewinn eines Einzelhändlers ist um 12 % auf 12.000,00 € gestiegen.

Wie hoch war der Gewinn vorher?

6. Der Preis für eine Mikrowelle beträgt 138,00 €. In diesem Preis sind 19 % Umsatzsteuer enthalten.

Wie viel € sind das?

7. In einem Einzelhandelsgeschäft konnten die Stromkosten durch verschiedene Energiesparmaßnahmen um 5 % auf 800,00 € gesenkt werden.

Wie hoch waren die Stromkosten bisher?

8. Nach Abzug von 3 % Skonto beträgt der Überweisungsbetrag für eine Rechnung noch 345,00 €.

Wie hoch war der ursprüngliche Rechnungsbetrag?

9. Ein Kunde kauft eine Kamera aus dem aktuellen Sonderangebot für 399,90 €. Um wie viel Prozent wurde die Kamera im Preis herabgesetzt, wenn der bisherige Preis 499,00 € betrug?

10. Aus der Abteilung für Damenoberbekleidung liegt Ihnen die abgebildete Umsatzstatistik vor.

Der Umsatz des Mitarbeiters Schmitt betrug im September 10.595,00 €.

a) Wie hoch war der Gesamtumsatz der Abteilung im Monat September?

b) Wie hoch war der Umsatz in Euro von Herrn Schulze?

c) Im Oktober betrug der Umsatz 39.795,00 €. Um wieviel Prozent ist der Umsatz niedriger als im September?

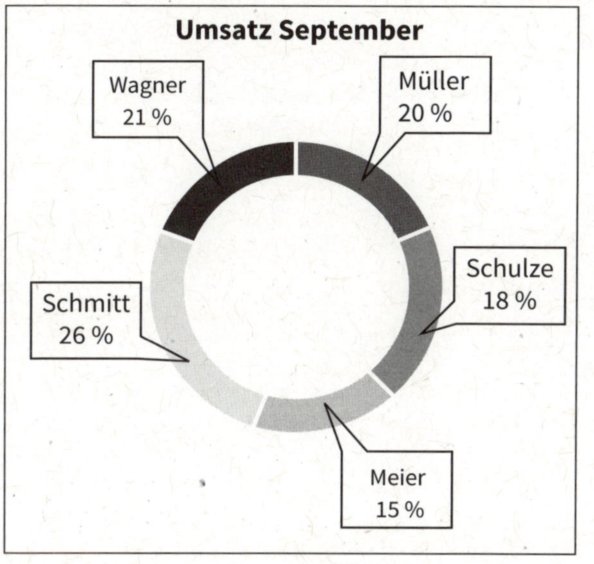

Lösungen siehe Seite 81 – 83.

Notizen

Warenwirtschaft und Kalkulation 261

Frage

Welchen Bestand kennzeichnet der **Meldebestand**?

Verkäufer/Verkäuferin · Kaufmann/Kauffrau im Einzelhandel

Warenwirtschaft und Kalkulation 267

Frage

Welche Aufwendungen zählen zu den **Lagerkosten**?

Verkäufer/Verkäuferin · Kaufmann/Kauffrau im Einzelhandel

Warenwirtschaft und Kalkulation 284

Frage

Was wird, bei einem gleich bleibenden Umsatz, durch eine Verringerung des durchschnittlichen Lagerbestandes bewirkt?

Verkäufer/Verkäuferin · Kaufmann/Kauffrau im Einzelhandel

Warenwirtschaft und Kalkulation 287

Frage

Welche Folgen hat es, wenn die Erfassung eines Wareneingangs versäumt wird?

Verkäufer/Verkäuferin · Kaufmann/Kauffrau im Einzelhandel

Warenwirtschaft und Kalkulation 292

Frage

Welche Vorgänge führen dazu, dass der **Istwarenbestand niedriger** ist als der vom Warenwirtschaftssystem **errechnete Sollwarenbestand**?

Verkäufer/Verkäuferin · Kaufmann/Kauffrau im Einzelhandel

Warenwirtschaft und Kalkulation 307

Frage

Worin liegen wesentliche **Ursachen** für **Inventurdifferenzen**?

Verkäufer/Verkäuferin · Kaufmann/Kauffrau im Einzelhandel

Antwort

284

Unter der Voraussetzung, dass der Umsatz unverändert bleibt, führt ein verringerter Lagerbestand zu einer:

- Verringerung des Kapitalbedarfs und der Kapitalbindung für die Warenbestände
- Verminderung des Lagerrisikos
- Erhöhung der Lagerumschlagshäufigkeit
- Verkürzung der durchschnittlichen Lagerdauer
- Erhöhung des Risikos der eigenen Lieferunfähigkeit

Antwort

267

Zu den Lagerkosten zählen:

Kosten für die Lagerräume

- Miete, Instandhaltungs- und Wartungskosten
- Energiekosten (Strom, Wasser, Heizung)
- Versicherungsbeiträge (z. B. Brand, Diebstahl)

Personalkosten

- Löhne und Gehälter, Sozialversicherungsabgaben
- Beiträge zur Berufsgenossenschaft

Kosten der Lagerverwaltung

- Kosten für Verpackungs- und Büromaterial

Antwort

261

Der **Meldebestand** ist der Bestand, bei dessen Erreichen das Warenwirtschaftssystem signalisiert, dass neue Ware bestellt werden muss.

Dieser Wert muss so hoch bemessen sein, dass beim Eingang der neuen Ware gerade noch der Mindestbestand vorhanden ist.

Bei der Berechnung muss der Mindestbestand sowie der tägliche Absatz und die Lieferzeit berücksichtigt werden.

Antwort

307

Wesentliche **Ursachen** für **Inventurdifferenzen** sind:

- fehlerhafte Aufnahme der Bestände während der Inventur
- Warenein- bzw. Warenausgänge wurden falsch verbucht
- Warenausgänge wurden nicht erfasst
- beim Wareneingang wurde mehr Ware erfasst als geliefert wurde
- Diebstahl von Waren durch Kunden, Lieferanten und eigenes Personal wurde nicht bemerkt und dadurch nicht erfasst
- organisatorische Fehler

Antwort

292

Der **Istwarenbestand ist niedriger als der Sollwarenbestand**, wenn:

- Diebstahl von Waren nicht bemerkt und dadurch nicht erfasst wurde
- verdorbene Ware und Warenbruch vor der Vernichtung nicht erfasst wurde
- Warenausgänge nicht erfasst wurden
- Wareneingänge doppelt erfasst wurden
- beim Wareneingang irrtümlich mehr Ware erfasst als tatsächlich geliefert wurde

Antwort

287

- Warenbestände werden nicht exakt fortgeschrieben, damit stimmen Soll- und Istwarenbestand nicht überein
- ggf. werden unnötige oder fehlerhafte Bestellungen veranlasst
- bei Lieferanten werden vermeintlich ausstehende Lieferungen angemahnt
- Lieferantenrechnungen werden eventuell vom System beanstandet
- Abverkauf nicht registrierter Ware kann zu Fehlermeldungen des Systems führen

9. Flächenberechnung

Quadrat

Ein **Quadrat** hat vier **gleich lange** Seiten, die rechtwinklig zueinander stehen.

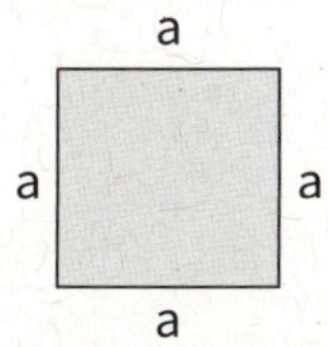

- **Flächeninhalt A*:** Den Flächeninhalt eines Quadrates berechnen Sie, indem Sie die Länge a mit der Breite a multiplizieren.

  Formel: $A = a \cdot a$

  Beispielaufgabe: $a = 2$ cm
  Flächeninhalt: $2 \text{ cm} \cdot 2 \text{ cm} = 4 \text{ cm}^2$

- **Umfang U:** Den Umfang U eines Quadrates berechnen Sie, indem Sie die Längen der vier Seiten addieren. Bei einem Quadrat sind alle Seiten gleich lang, daher lautet die Formel:

  Formel: $U = a + a + a + a$ bzw.
  $U = 4 \cdot a$

  Beispielaufgabe: $a = 2$ cm
  Umfang: $U = 4 \cdot 2 \text{ cm} = 8 \text{ cm}$

Rechteck

Bei einem **Rechteck** stehen die Seiten **a** und **b** rechtwinklig zueinander und sind **unterschiedlich lang**.

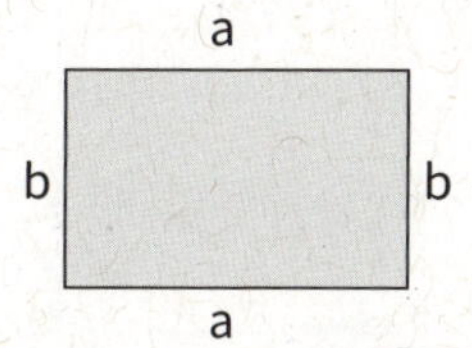

- **Flächeninhalt A*:** Den Flächeninhalt eines Rechtecks berechnen Sie, indem Sie die Länge a mit der Breite b multiplizieren.

  Formel: $A = a \cdot b$

  Beispielaufgabe: $a = 2$ cm, $b = 4$ cm
  Flächeninhalt: $2 \text{ cm} \cdot 4 \text{ cm} = 8 \text{ cm}^2$

- **Umfang U:** Den Umfang U eines Rechtecks berechnen Sie, indem Sie die Längen der vier Seiten addieren. Bei einem Rechteck kommt jede Seitenlänge zweifach vor, daher lautet die Formel:

  Formel: $U = a + a + b + b$ bzw.
  $U = 2 \cdot a + 2 \cdot b$

  Beispielaufgabe: $a = 2$ cm, $b = 4$ cm
  Umfang: $U = 2 \cdot 2 \text{ cm} + 2 \cdot 4 \text{ cm} = 12 \text{ cm}$

*Die Abkürzung **A** für den Flächeninhalt leitet sich ab vom lateinischen Wort Area = Platz, Fläche.

9.1 Übungsaufgaben zur Flächenberechnung

1. Berechnen Sie den Flächeninhalt eines Rechtecks mit einer Länge von 8,50 Meter und einer Breite von 3,80 Meter!

2. 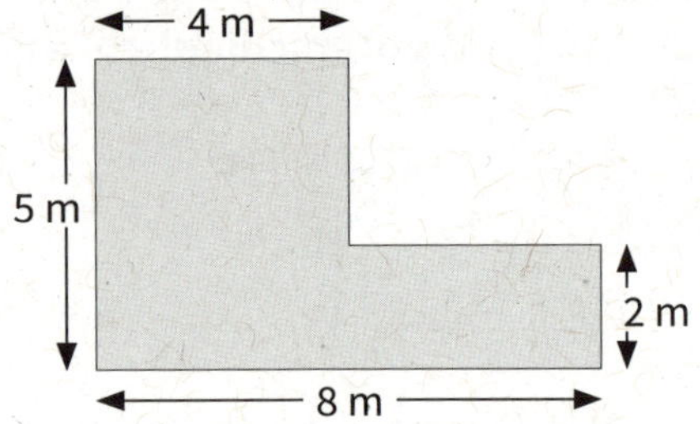

   Errechnen Sie den Flächeninhalt und den Umfang der Figur!

3. Eine Fensterscheibe und der Rahmen müssen erneuert werden. Die Scheibe ist 4,50 m breit und 3,50 m hoch. Wie viel m^2 Fensterglas und wieviel Meter Holz werden für den Rahmen benötigt?

4. Der Vorführraum der Heimkinoabteilung wird mit Laminat auslegt. Dabei wird die Fläche für ein Podest an der Rückwand ausgespart. Der Vorführraum ist 8 m lang und 4 m breit. Das Podest hat eine Grundfläche von 2,50 m Länge und 1,50 m Breite. Wie viel m^2 Laminat werden benötigt?

5. Ein Lagerraum mit einer Fläche von 16 m^2 soll gefliest werden. Die Kosten hierfür betragen 688,50 € netto. Zum gleichen Preis je m^2 werden zusätzlich 8 m^2 Bodenfläche des Vorraums gefliest. Ermitteln Sie den Gesamt-Rechnungsbetrag in € inklusive 19 % Umsatzsteuer!

Lösungen siehe Seite 83 – 84.

10. Kassenabrechnung

Der Gesetzgeber schreibt dem Einzelhändler vor, seine Kasseneinnahmen und -ausgaben täglich zu erfassen und die Barverkäufe des Tages (Tageslosung) zu ermitteln.

Zum Bargeldbestand bei Geschäftsschluss werden die Ausgaben, die im Laufe des Tages der Kasse entnommen wurden, addiert. Alle sonstigen Einnahmen und der Wechselgeldbestand des Vortages werden subtrahiert.

Beispielaufgabe:

Sie werden beauftragt, nach Geschäftsschluss die Kassenabrechnung vorzunehmen. Dem Kassenprotokoll können Sie folgende Vorgänge entnehmen:

- Kassenbestand zu Geschäftsbeginn: 50,00 €
- Barausgaben für Verpackungsmaterial: 145,00 €
- Privateinlage des Inhabers: 250,00 €
- Kassenbestand bei Geschäftsschluss: 4.931,65 €

Wie viel Euro betragen die Barverkäufe des Tages?

Rechenweg:

1. Schritt: Kassenbestand bei Geschäftsschluss		
Der Kassenbestand bei Geschäftsschluss wird durch das Zählen der Bargeldbestände ermittelt.	**Kassenbestand bei Geschäftsschluss**	**4.931,65 €**
2. Schritt: Addition der Ausgaben		
Die Ausgaben im Laufe des Tages wurden aus der Kasse bezahlt, daher müssen sie rechnerisch durch Hinzurechnen berücksichtigt werden.	**+ Barausgaben für Verpackungsmaterial**	**145,00 €**
3. Schritt: Subtraktion des Kassenbestandes zu Geschäftsbeginn		
Das Wechselgeld am Morgen (Kassenbestand zu Geschäftsbeginn) stammt vom Vortag, daher muss es vom Kassenbestand bei Geschäftsschluss abgezogen werden.	**- Kassenbestand zu Geschäftsbeginn**	**50,00 €**
4. Schritt: Subtraktion sonstiger Einnahmen		
Die Einnahmen, die nicht aus Barverkäufen stammen, werden abgezogen.	**- Privateinlage des Inhabers**	**250,00 €**
5. Schritt: Berechnung der Barverkäufe des Tages (Tageslosung)		
Ermittlung der Barverkäufe des Tages!	**= Tageslosung**	**4.776,65 €**

Kassenabrechnung

Formel:

	Kassenbestand bei Geschäftsschluss
+	Ausgaben im Laufe des Tages
-	Kassenbestand zu Geschäftsbeginn (Wechselgeld)
-	sonstige Einnahmen
=	**Barverkäufe des Tages** (Tageslosung)

Ist-Bargeldbestand < Soll-Bargeldbestand ≙ Kassenfehlbetrag

Ist-Bargeldbestand > Soll-Bargeldbestand ≙ Kassenüberschuss

10.1 Übungsaufgaben zur Kassenabrechnung

1. Sie nehmen die Kassenabrechnung vor und sollen den Wert der Barverkäufe des Tages (Tageslosung) ermitteln. Folgende Vorgänge können Sie dem Kassenbericht entnehmen:

Kassenbestand zu Geschäftsbeginn (Wechselgeldbestand)	68,00 €
Barentnahme und Einzahlung auf das Geschäftskonto	1.200,00 €
Barzahlung für Postwertzeichen	20,00 €
Barzahlung für die Warenlieferung	45,00 €
Kassenbestand bei Geschäftsschluss	1.850,00 €

Wie hoch sind die Barverkäufe des Tages (Tageslosung)?

2. Ihnen liegt der folgende, vereinfachte Kassenbericht vor:

Kassenbestand bei Geschäftsöffnung	320,00 €
Ausgaben für Büromaterial	50,00 €
Kassenbestand bei Geschäftsschluss	8.750,00 €

Ermitteln Sie die Tageslosung!

3. Aus der Schreibwarenabteilung liegt die abgebildete Kassenauswertung vor:

Dienstag, 04.01.	
Bruttoumsatz	2.540,00 €
Wechselgeldbestand	58,00 €
Ausgaben im Laufe des Tages	500,00 €
Anzahl der Kunden	40

Ermitteln Sie den durchschnittlichen Umsatz pro Kunde!

4. Nach Geschäftsschluss sind 6.520,00 € in der Kasse vorhanden. Berechnen Sie die Kassendifferenz auf Grundlage der folgenden Daten:

Bruttoumsatz	10.585,00 €	Kreditkartenzahlungen	1.650,00 €
Wechselgeldbestand	320,00 €	girocard-Zahlungen	2.750,00 €

5. Die Kasse auf der Sonderfläche wird am Abend abgerechnet. Im Laufe des Tages wurden 100 Artikel zu 12,50 €, 250 Artikel zu 9,95 € und 80 Artikel zu 5,00 € verkauft.

Der Wechselgeldbestand am Morgen betrug 150,00 €. Bei Geschäftsschluss betrug der Ist-Kassenbestand 4.262,50 €. Berechnen Sie die Kassendifferenz!

Lösungen siehe Seite 84 – 85.

Notizen

11. Kalkulation

Kalkulieren bedeutet, Preise zu berechnen. Der Einzelhändler muss ermitteln, zu welchem Preis er eine Ware einkaufen und zu welchem Preis er diese Ware verkaufen kann.

Bei der **Vorwärtskalkulation** wird vom Listeneinkaufspreis bis zum Bruttoverkaufspreis gerechnet.

Prägen Sie sich das Kalkulationsschema gut ein!

Um sich die einzelnen Posten einfacher merken zu können, stellen Sie sich vor, welchen Weg die Ware vom Einkauf, durch den Betrieb bis hin zu ihrem Verkauf nimmt.

Grundlage aller Rechnungen sind die Regeln zur Berechnung des Prozentwertes:

$$w = \frac{\text{Grundwert G} \cdot \text{Prozentsatz p}}{100\,\%}$$

> **!** Wichtig ist, dass Sie die einzelnen Posten des Kalkulationsschemas immer in der gleichen festgelegten Reihenfolge berechnen!

11.1 Bezugskalkulation/Vorwärtskalkulation

Für die Berechnung des **Bezugspreises** berücksichtigen Sie folgende Positionen:

- **Listeneinkaufspreis**
- **Preisabzüge** (Liefererrabatt, z. B. Mengenrabatt, Treuerabatt, Wiederverkäuferrabatt und Liefererskonto, d. h. Nachlass auf den Rechnungsbetrag für vorzeitige Zahlung)
- **Bezugskosten** (z. B. Verpackungskosten, Verlade- und Wiegekosten, Rollgeld, Fracht, Transportversicherung, Zölle)

> **!** Grundsätzlich stellt bei der Berechnung des Bezugspreises der jeweils letzte errechnete Preis wieder den Grundwert (100 %) für den nächsten Rechenschritt dar.

Kalkulation

Beispielaufgabe:

Listeneinkaufspreis 100,00 €, Liefererrabatt 10 %, Liefererskonto 3 %, Bezugskosten 4 %

Rechenweg:

1. Rechenschritt: Berechnung des Zieleinkaufspreises

2. Rechenschritt: Berechnung des Bareinkaufspreises

3. Rechenschritt: Berechnung des Bezugspreises

Listeneinkaufspreis	100 %			100,00 €	
- **10 %** Liefererrabatt	- 10 %			- 10,00 €	**Liefererrabatt:** 100 % ≙ 100,00 €; 10 % ≙ x; $x = \frac{100{,}00\ € \cdot 10\ \%}{100\ \%}$ **= 10,00 €**
= Zieleinkaufspreis	= 90 %	100 %		**= 90,00 €**	
- **3 %** Liefererskonto		- 3 %		- 2,70 €	**Liefererskonto:** 100 % ≙ 90,00 €; 3 % ≙ x; $x = \frac{90{,}00\ € \cdot 3\ \%}{100\ \%}$ **= 2,70 €**
= Bareinkaufspreis		= 97 %	100 %	**= 87,30 €**	
+ **4 %** Bezugskosten			+ 4 %	+ 3,49 €	**Bezugskosten:** 100 % ≙ 87,30 €; 4 % ≙ x; $x = \frac{87{,}30\ € \cdot 4\ \%}{100\ \%}$ **= 3,49 €**
= Bezugspreis			104 %	**= 90,79 €**	

11.2 Verkaufskalkulation/Vorwärtskalkulation

Für die Berechnung des **Bruttoverkaufspreises** berücksichtigen Sie – ausgehend vom Bezugspreis – die folgenden Positionen des Kalkulationsschemas:

- **Handlungskosten** (z. B. Kosten für Personal, Miete, Energie, Werbung)
- **Gewinn** (z. B. Unternehmerlohn, Eigenkapitalverzinsung, Zuschlag für das Unternehmerrisiko)
- **Umsatzsteuer** (Regelsteuersatz 19 %, ermäßigter Steuersatz 7 %)

Grundlage aller Rechnungen sind auch hier die Regeln zur Berechnung des Prozentwertes:

$$w = \frac{\text{Grundwert G} \cdot \text{Prozentsatz p}}{100\ \%}$$

! Bei der Berechnung des Bruttoverkaufspreises stellt ebenfalls der jeweils letzte errechnete Preis wieder den Grundwert (100 %) für den nächsten Rechenschritt dar.

Beispielaufgabe: Bezugspreis 90,79 €, Handlungskosten 40 %, Gewinn 10 %, Umsatzsteuer 19 %

Rechenweg:

1. Rechenschritt: Berechnung des Selbstkostenpreises

2. Rechenschritt: Berechnung des Nettoverkaufspreises

3. Rechenschritt: Berechnung des Bruttoverkaufspreises

Bezugspreis	100 %			90,79 €
+ **40 %** Handlungskosten	+ 40 %			+ 36,32 €
= Selbstkostenpreis	= 140 %	100 %		**= 127,11 €**
+ **10 %** Gewinn		+ 10 %		+ 12,71 €
= Nettoverkaufspreis		= 110 %	100 %	**= 139,82 €**
+ **19 %** Umsatzsteuer			+ 19 %	+ 26,57 €
= Bruttoverkaufspreis			119 %	**= 166,39 €**

Handlungskosten:
100 % ≙ 90,79 €
40 % ≙ x

$$x = \frac{90{,}79\ € \cdot 40\ \%}{100\ \%} = \mathbf{36{,}32\ €}$$

Gewinn:
100 % ≙ 127,11 €
10 % ≙ x

$$x = \frac{127{,}11\ € \cdot 10\ \%}{100\ \%} = \mathbf{12{,}71\ €}$$

Umsatzsteuer:
100 % ≙ 139,82 €
19 % ≙ x

$$x = \frac{139{,}82\ € \cdot 19\ \%}{100\ \%} = \mathbf{26{,}57\ €}$$

11.3 Rückwärtskalkulation

Bei der Rückwärtskalkulation gehen Sie vom Bruttoverkaufspreis aus und errechnen schrittweise auf den Listeneinkaufspreis zurück.

Dabei erfolgen die Rechnungen vom Bruttoverkaufspreis bis zum Bareinkaufspreis immer mithilfe der Prozentrechnung **auf** Hundert (vermehrter Grundwert, siehe Seite 44).

Die Berechnungen vom Bareinkaufspreis bis zum Listeneinkaufspreis erfolgen mithilfe der Prozentrechnung **im** Hundert (verminderter Grundwert, siehe Seite 45).

Rechenweg:

6. Rechenschritt: Berechnung des Listeneinkaufspreises

5. Rechenschritt: Berechnung des Zieleinkaufspreises

4. Rechenschritt: Berechnung des Bareinkaufspreises

3. Rechenschritt: Berechnung des Bezugspreises

2. Rechenschritt: Berechnung des Selbstkostenpreises

1. Rechenschritt: Berechnung des Nettoverkaufspreises

Position	%	%	%	Betrag	Berechnung
Listeneinkaufspreis	100 %			100,00 €	
- **10 %** Liefererrabatt	+ 10 %			+ 10,00 €	**Liefererrabatt:** 90 % ≙ 90,00 €; 10 % ≙ x; $x = \frac{90{,}00\ € \cdot 10\ \%}{90\ \%}$ = **10,00 €**
= Zieleinkaufspreis	= 90 %	100 %		**= 90,00 €**	
- 3 % Liefererskonto		+ 3 %		+ 2,70 €	**Liefererskonto:** 97 % ≙ 87,30 €; 3 % ≙ x; $x = \frac{87{,}30\ € \cdot 3\ \%}{97\ \%}$ = **2,70 €**
= Bareinkaufspreis		= 97 %	100 %	**= 87,30 €**	
+ **4 %** Bezugskosten			- 4 %	- 3,49 €	**Bezugskosten:** 104 % ≙ 90,79 €; 4 % ≙ x; $x = \frac{90{,}79\ € \cdot 4\ \%}{104\ \%}$ = **3,49 €**
= Bezugspreis	100 %		= 104 %	**= 90,79 €**	
+ **40 %** Handlungskosten	- 40 %			- 36,32 €	**Handlungskosten:** 140 % ≙ 127,11 €; 40 % ≙ x; $x = \frac{127{,}11\ € \cdot 40\ \%}{140\ \%}$ = **36,32 €**
= Selbstkostenpreis	= 140 %	100 %		**= 127,11 €**	
+ **10 %** Gewinn		- 10 %		- 12,71 €	**Gewinn:** 110 % ≙ 139,82 €; 10 % ≙ x; $x = \frac{139{,}82\ € \cdot 10\ \%}{110\ \%}$ = **12,71 €**
= Nettoverkaufspreis		= 110 %	100 %	**= 139,82 €**	
+ **19 %** Umsatzsteuer			- 19 %	- 26,57 €	**Umsatzsteuer:** 119 % ≙ 166,39 €; 19 % ≙ x; $x = \frac{166{,}39\ € \cdot 19\ \%}{119\ \%}$ = **26,57 €**
= Bruttoverkaufspreis			= 119 %	**= 166,39 €**	

11.4 Kalkulationsvereinfachungsverfahren

Die Kalkulation jeden Artikels mithilfe des Kalkulationsschemas ist für den Einzelhändler sehr zeitaufwendig, daher nutzt er verkürzte Kalkulationsverfahren, die die Kalkulation der Preise vereinfachen und beschleunigen.

11.4.1 Kalkulationszuschlag

Da die Höhe der Handlungskosten, des Gewinns und der Umsatzsteuer meist über einen längeren Zeitraum unverändert bleiben, können diese Werte in einem Prozentsatz – dem Kalkulationszuschlag – zusammengefasst werden. Der Kalkulationszuschlag wird dem Bezugspreis hinzugerechnet.
Der Bezugspreis entspricht daher dem Grundwert von 100 %.

Kalkulationszuschlag

Bezugspreis
+ Handlungskosten
= Selbstkostenpreis
+ Gewinn
= Nettoverkaufspreis
+ Umsatzsteuer
= Bruttoverkaufspreis

Formel:

$$\textbf{Kalkulationszuschlag} = \frac{(\text{Bruttoverkaufspreis} - \text{Bezugspreis}) \cdot 100\,\%}{\text{Bezugspreis}}$$

Beispielaufgabe:

$$\textbf{Kalkulationszuschlag} = \frac{(166{,}39\,€ - 90{,}79\,€) \cdot 100\,\%}{90{,}79\,€} = \mathbf{83{,}27\,\%}$$

11.4.2 Kalkulationsfaktor

Der Kalkulationsfaktor erleichtert die Kalkulation des Bruttoverkaufspreises noch weiter, da der Bezugspreis nur mit dem Kalkulationsfaktor multipliziert werden muss.

Zur Ermittlung des Kalkulationsfaktors wird der Bruttoverkaufspreis durch den Bezugspreis geteilt.

! Das Ergebnis sollte dabei möglichst auf **vier** Stellen hinter dem Komma errechnet werden, um größere Abweichungen zu vermeiden.

Kalkulationsfaktor

Bezugspreis
+ Handlungskosten
= Selbstkostenpreis
+ Gewinn
= Nettoverkaufspreis
+ Umsatzsteuer
= Bruttoverkaufspreis

Formel:

$$\textbf{Kalkulationsfaktor} = \frac{\text{Bruttoverkaufspreis}}{\text{Bezugspreis}}$$

Beispielaufgabe:

$$\textbf{Kalkulationsfaktor} = \frac{166{,}39\,€}{90{,}79\,€} = \mathbf{1{,}8327}$$

11.4.3 Kalkulationsabschlag

Kann ein Artikel, z. B. aus Konkurrenzgründen, nur zu einem vorgegebenen Bruttoverkaufspreis verkauft werden, kann mithilfe des Kalkulationsabschlags oder der Handelsspanne der vom Einzelhändler maximal zahlbare Bezugspreis errechnet werden, damit er trotzdem seine Kosten deckt und seinen Gewinn erzielt.

Der Kalkulationsabschlag fasst auch die Handlungskosten, den Gewinn und die Umsatzsteuer in einen Prozentsatz zusammen. Der Kalkulationsabschlag wird jedoch vom Bruttoverkaufspreis auf den Bezugspreis zurückgerechnet. Der Bruttoverkaufspreis entspricht dem Grundwert von 100 %.

Kalkulationsabschlag ↑

Bezugspreis
+ Handlungskosten
= Selbstkostenpreis
+ Gewinn
= Nettoverkaufspreis
+ Umsatzsteuer
= Bruttoverkaufspreis

Formel:

$$\textbf{Kalkulationsabschlag} = \frac{(\text{Bruttoverkaufspreis} - \text{Bezugspreis}) \cdot 100\,\%}{\text{Bruttoverkaufspreis}}$$

Beispielaufgabe:

$$\textbf{Kalkulationsabschlag} = \frac{(166{,}39\,€ - 90{,}79\,€) \cdot 100\,\%}{166{,}39\,€} = \mathbf{45{,}44\,\%}$$

11.4.4 Handelsspanne

Mit der Handelsspanne rechnet der Einzelhändler ebenfalls auf den Bezugspreis zurück, allerdings geht er dabei vom Nettoverkaufspreis aus. Der Nettoverkaufspreis entspricht dem Grundwert von 100 %.

Handelsspanne ↑

Bezugspreis
+ Handlungskosten
= Selbstkostenpreis
+ Gewinn
= Nettoverkaufspreis

Formel:

$$\textbf{Handelsspanne} = \frac{(\text{Nettoverkaufspreis} - \text{Bezugspreis}) \cdot 100\,\%}{\text{Nettoverkaufspreis}}$$

Beispielaufgabe:

$$\textbf{Handelsspanne} = \frac{(139{,}82\,€ - 90{,}79\,€) \cdot 100\,\%}{139{,}82\,€} = \mathbf{35{,}07\,\%}$$

Zusammenfassung Kalkulation

Kalkulationsschema:

Bezugskalkulation	**Listeneinkaufspreis**
	- Liefererrabatt
	= Zieleinkaufspreis
	- Liefererskonto
	= Bareinkaufspreis
	+ Bezugskosten
	= Bezugspreis
Verkaufskalkulation	+ Handlungskosten
	= Selbstkostenpreis
	+ Gewinn
	= Nettoverkaufspreis
	+ Umsatzsteuer
	= Bruttoverkaufspreis

$$\textbf{Kalkulationszuschlag} = \frac{(\text{Bruttoverkaufspreis} - \text{Bezugspreis}) \cdot 100\,\%}{\text{Bezugspreis}}$$

$$\textbf{Kalkulationsfaktor} = \frac{\text{Bruttoverkaufspreis}}{\text{Bezugspreis}}$$

$$\textbf{Kalkulationsabschlag} = \frac{(\text{Bruttoverkaufspreis} - \text{Bezugspreis}) \cdot 100\,\%}{\text{Bruttoverkaufspreis}}$$

$$\textbf{Handelsspanne} = \frac{(\text{Nettoverkaufspreis} - \text{Bezugspreis}) \cdot 100\,\%}{\text{Nettoverkaufspreis}}$$

11.5 Übungsaufgaben zur Kalkulation

1. Sie möchten 60 Stück eines Artikels bestellen. Der Listeneinkaufspreis beträgt insgesamt 1.560,00 €. Der Hersteller gewährt 15 % Rabatt und 3 % Skonto.

   Wie hoch ist der Bareinkaufspreis für einen Artikel?

2. Der Listeneinkaufspreis für 250 Stück Damenblusen beträgt 4.500,00 €. Der Lieferant gewährt 10 % Rabatt und 3 % Skonto. Die Bezugskosten für die Lieferung betragen 30,00 €.

   Wie hoch ist der Bezugspreis für die gesamte Lieferung?

3. Wie viel Euro beträgt der Bruttoverkaufspreis für eine Damenbluse aus Aufgabe 2, wenn mit 60 % Handlungskosten, 8 % Gewinn und 19 % Umsatzsteuer kalkuliert wird?

4. Der Selbstkostenpreis eines Artikels beträgt 47,89 €, der Nettoverkaufspreis 51,72 €.

   Wie viel Prozent Gewinn wird mit diesem Artikel erzielt?

5. Der Bezugspreis für einen Fernseher beträgt 350,00 €. Er wird zu einem Bruttoverkaufspreis von 699,00 € angeboten.

   Wie viel Prozent beträgt der Kalkulationszuschlag für diesen Artikel?

6. Der Bezugspreis eines Artikels beträgt 66,92 €. Sie kalkulieren diesen Artikel mit einem Kalkulationsfaktor von 1,7327.

   Berechnen Sie den Bruttoverkaufspreis in € für einen Artikel.

7. Der Bruttoverkaufspreis eines Fernsehgerätes beträgt 2.599,00 €, der Bezugspreis 1.050,00 €. Die Umsatzsteuer beträgt 19 %.

   Berechnen Sie die Handelsspanne für den Fernseher!

8. Der Bruttoverkaufspreis für eine Lederhandtasche beträgt 99,00 €. Der Bezugspreis der Tasche liegt bei 45,00 €.

   Berechnen Sie den Kalkulationsabschlag in Prozent!

9. Ein Hersteller bietet Ihnen einen Artikel zu einem Listeneinkaufspreis von 12,50 € an. Bei Abnahme von mindestens 50 Stück erhalten Sie 5 % Rabatt, bei der Abnahme von mindestens 100 Stück erhalten Sie 10 % Rabatt. Sie bestellen 75 Stück von diesem Artikel.

   Wie viel € beträgt der Bezugspreis für einen Artikel, wenn für die Lieferung 2 % Skonto gewährt werden und 5,00 € Transportkosten anfallen?

10. Der Bezugspreis eines Artikels beträgt 351,00 €, der Bruttoverkaufspreis 599,00 € und die Umsatzsteuer 19 %. Bitte berechnen Sie

    a) den Kalkulationszuschlag
    b) den Kalkulationsfaktor
    c) den Kalkulationsabschlag
    d) die Handelsspanne

Lösungen siehe Seite 86 – 88.

12. Lagerkennziffern

Um die **Wirtschaftlichkeit der Lagerhaltung** zu kontrollieren, werden vom Einzelhändler regelmäßig sogenannte **Lagerkennziffern** errechnet.

Hierzu gehören die

Lagerbestandsgrößen:

- Mindestbestand,
- Meldebestand,
- Höchstbestand sowie der
- durchschnittliche Lagerbestand

Lagermesszahlen:

- Umschlagshäufigkeit,
- Lagerdauer und
- Lagerzinssatz.

12.1 Meldebestand

Damit die Ware immer rechtzeitig und in ausreichender Menge zur Verfügung steht, legt der Einzelhändler für jede seiner Waren einen sogenannten **Meldebestand** fest. Wird dieser Bestand erreicht, muss die Ware nachbestellt werden.

Zur Berechnung des Meldebestandes wird zunächst der Tagesabsatz eines Artikels mit der Lieferzeit multipliziert; damit wird errechnet, wie viel Ware während der Lieferzeit verkauft wird. Dazu wird der Mindestbestand, der als Sicherheitsbestand immer vorrätig sein sollte, addiert.

Beispielaufgabe: Der Tagesabsatz eines Artikels beträgt 15 Stück, die Lieferzeit 8 Tage und der Mindestbestand, der ständig im Lager sein sollte, 75 Stück.

Meldebestand = (15 Stück Tagesabsatz · 8 Tage Lieferzeit) + 75 Stück Mindestbestand = **195 Stück**

Zur Berechnung des **Mindestbestandes** (Sicherheitsbestand) multiplizieren Sie den täglichen Absatz mit der Anzahl der Tage, für die der Sicherheitsbestand z. B. durch die Geschäftsleitung festgelegt wurde (z. B. 5 Tage).

Mindestbestand = Tagesabsatz 15 Stück · 5 Tage Sicherheit = 75 Stück

Formel:
Meldebestand = (Tagesabsatz · Lieferzeit) + Mindestbestand

Folgende Werte bilden die Grundlage der nachfolgenden Beispielaufgaben zu den Lagerkennziffern:

Jahresanfangsbestand:	12.000,00 €	**Wareneinsatz:**	162.000,00 €
Lagerendbestände:		**Jahreszinssatz:**	8 %
31. März:	19.000,00 €		
30. Juni:	24.000,00 €		
30. September:	22.000,00 €		
31. Dezember:	13.000,00 €		

12.2 Durchschnittlicher Lagerbestand

Der durchschnittliche Lagerbestand beschreibt die Höhe des Warenbestandes, der im Durchschnitt eines bestimmten Zeitraumes (z. B. ein Jahr, ein Quartal oder ein Monat) im Lager vorhanden war.

Dieser Wert wird entweder als Menge (Stück, Kilogramm, Meter) oder als Wert (Euro) auf der Grundlage der Bezugspreise angegeben.

Grundlage der Berechnung sind die Regeln des Durchschnittsrechnens.

Durchschnittlicher Lagerbestand im Jahr:

Formel:

$$\textbf{Durchschnittlicher Lagerbestand} = \frac{\text{Jahresanfangsbestand + Jahresendbestand}}{2}$$

Durchschnittlicher Lagerbestand im Monat:

Formel:

$$\textbf{Durchschnittlicher Lagerbestand} = \frac{\text{Jahresanfangsbestand + 12 Monatsendbestände}}{13}$$

Durchschnittlicher Lagerbestand im Quartal:

Formel:

$$\textbf{Durchschnittlicher Lagerbestand} = \frac{\text{Jahresanfangsbestand + 4 Quartalsendbestände}}{5}$$

Beispielaufgabe:

Bevor der durchschnittliche Lagerbestand errechnet werden kann, müssen Sie zunächst die Endbestände addieren.

Endbestand 31. März	19.000,00 €
+ Endbestand 30. Juni	24.000,00 €
+ Endbestand 30. September	22.000,00 €
+ Endbestand 31. Dezember	13.000,00 €
= Summe der Endbestände	78.000,00 €

Berechnung des durchschnittlichen Lagerbestandes (Quartalsformel):

$$\textbf{Durchschnittlicher Lagerbestand} = \frac{12.000,00\ € + 78.000,00\ €}{5} = \textbf{18.000,00 €}$$

Der durchschnittliche Lagerbestand beträgt 18.000,00 €.

12.3 Umschlagshäufigkeit

Die Umschlagshäufigkeit gibt an, wie oft der durchschnittliche Lagerbestand in einem bestimmten Zeitraum verkauft wurde. Der Wareneinsatz beschreibt den Wert der verkauften Waren zum Bezugspreis.

Formel:

$$\textbf{Umschlagshäufigkeit} = \frac{\text{Wareneinsatz}}{\text{durchschnittlicher Lagerbestand}}$$

Beispielaufgabe:

$$\textbf{Umschlagshäufigkeit} = \frac{162.000{,}00\ €}{18.000{,}00\ €} = \mathbf{9}$$

Die Umschlagshäufigkeit beträgt 9.

12.4 Lagerdauer

Unter Lagerdauer versteht man die Zeit vom Eingang einer Ware bis zu ihrem Verkauf. Sie gibt an, wie viele Tage der durchschnittliche Lagerbestand im Lager ist, bevor er verkauft wird.

Formel:

$$\textbf{Lagerdauer} = \frac{360}{\text{Umschlagshäufigkeit}}$$

Beispielaufgabe:

$$\textbf{Lagerdauer} = \frac{360\text{ Tage}}{9} = \mathbf{40\ Tage}$$

Die Lagerdauer beträgt 40 Tage.

12.5 Lagerzinssatz

Die Warenbestände des Einzelhändlers binden sein Kapital und verursachen dadurch indirekt Kosten, da dieses Kapital nicht anderweitig genutzt werden kann. Der Lagerzinssatz gibt also an, wie viel Prozent Zinsen der durchschnittliche Lagerbestand kostet.

Der Lagerzinssatz wird mithilfe des Dreisatzes aus dem Jahreszinssatz und der Lagerdauer ermittelt.

Formel:

$$\textbf{Lagerzinssatz} = \frac{\text{Jahreszinssatz} \cdot \text{Lagerdauer}}{360}$$

Beispielaufgabe:

$$\textbf{Lagerzinssatz} = \frac{8\ \% \cdot 40\text{ Tage}}{360\text{ Tage}} = \mathbf{0{,}89\ \%}$$

Der Lagerzinssatz beträgt 0,89 %.

Zusammenfassung Lagerkennziffern

Meldebestand = (Tagesabsatz · Lieferzeit) + Mindestbestand

Durchschnittlicher Lagerbestand $= \frac{\text{Jahresanfangsbestand + Jahresendbestand}}{2}$

Umschlagshäufigkeit $= \frac{\text{Wareneinsatz}}{\text{durchschnittlicher Lagerbestand}}$

Lagerdauer $= \frac{360}{\text{Umschlagshäufigkeit}}$

Lagerzinssatz $= \frac{\text{Jahreszinssatz} \cdot \text{Lagerdauer}}{360}$

12.6 Übungsaufgaben zu den Lagerkennziffern

Ausgangssituation zu den Aufgaben 1. – 3.

Von dem Einkaufskorb „City“ werden täglich 2 Stück verkauft, die Lieferzeit beträgt 5 Tage.

1. Berechnen Sie den Mindestbestand, wenn der Bestand grundsätzlich für 3 Tage ausreichen soll!

2. Wie hoch ist der Meldebestand?

3. Um wie viel Stück muss der Meldebestand verändert werden, wenn sich die Lieferzeit um 2 Tage verlängert?

Ausgangssituation zu den Aufgaben 4. – 5.
Auszug aus der Lagerdatei für den Artikel Handy „XP5“

Datum	Eingang (Stück)	Verkauf (Stück)	Bestand (Stück)
31.12.			26
31.01.	30	13	43
28.02.		18	25
31.03.	25	10	40
30.04.		15	25
31.05.		9	16
30.06.	14	16	14
Summe		81	

4. Berechnen Sie anhand der Tabelle den durchschnittlichen Lagerbestand in Stück!

5. Wie hoch war die Umschlagshäufigkeit?

Ausgangssituation für die Aufgaben 6. – 10.

Artikel: Einkaufskorb „City“			
Lagerbestand:		Bezugspreis:	19,80 €
01.01.	35 Stück	Wareneinsatz:	10.454,40 €
31.03.	40 Stück	Jahreszinssatz:	8 %
30.06.	30 Stück		
30.09.	26 Stück		
31.12.	34 Stück		

6. Berechnen Sie für den Einkaufskorb „City“ den durchschnittlichen Lagerbestand in Euro!

7. Wie hoch ist die Umschlagshäufigkeit für den Einkaufskorb „City“?

8. Wie viel Stück wurden von dem Einkaufskorb „City“ im letzten Jahr verkauft?

9. Berechnen Sie die Lagerdauer für den Einkaufskorb „City“!

10. Berechnen Sie den Lagerzinssatz für den Einkaufskorb „City“!

Lösungen siehe Seite 89 – 90.

Notizen

13. Rentabilität

Man spricht von **Rentabilität**, wenn ein Unternehmen Gewinn erwirtschaftet. Die Rentabilität drückt das Verhältnis des Gewinns zu einer anderen betrieblichen Größe (Umsatz, Eigenkapital, Gesamtkapital) aus.

13.1 Umsatzrentabilität

Die Umsatzrentabilität gibt den prozentualen Anteil des Gewinns am Umsatz an.

Formel:

$$\textbf{Umsatzrentabilität} = \frac{\text{Gewinn} \cdot 100\,\%}{\text{Umsatz}}$$

13.2 Eigenkapitalrentabilität (Unternehmerrentabilität)

Für die Berechnung der Eigenkapitalrentabilität wird der Gewinn in ein prozentuales Verhältnis zum Eigenkapital gesetzt. Die Eigenkapitalrentabilität sagt aus, wie sich das eingesetzte Eigenkapital verzinst.

Formel:

$$\textbf{Eigenkapitalrentabilität} = \frac{\text{Gewinn} \cdot 100\,\%}{\text{Eigenkapital}}$$

13.3 Gesamtkapitalrentabilität (Unternehmungsrentabilität)

Die Gesamtkapitalrentabilität sagt aus, wie sich das Gesamtkapital (Eigen- und Fremdkapital) verzinst.

Formel:

$$\textbf{Gesamtkapitalrentabilität} = \frac{(\text{Gewinn} + \text{Fremdkapitalzinsen}) \cdot 100\,\%}{\text{Gesamtkapital}}$$

Zusammenfassung

$$\textbf{Umsatzrentabilität} = \frac{\text{Gewinn} \cdot 100\,\%}{\text{Umsatz}}$$

$$\textbf{Eigenkapitalrentabilität} = \frac{\text{Gewinn} \cdot 100\,\%}{\text{Eigenkapital}}$$

$$\textbf{Gesamtkapitalrentabilität} = \frac{(\text{Gewinn} + \text{Fremdkapitalzinsen}) \cdot 100\,\%}{\text{Gesamtkapital}}$$

13.4 Übungsaufgaben zur Rentabilität

1. Im letzten Jahr betrug der Umsatz eines Warenhauses 3.350.000,00 € und der Gewinn 92.325,00 €. Berechnen Sie die Umsatzrentabilität!

2. Ein Einzelhandelsunternehmen verfügt über ein Eigenkapital von 3.050.000,00 € und hat im letzten Jahr einen Gewinn von 380.000,00 € erzielt. Der Umsatz betrug 6.300.000,00 €. Berechnen Sie die Umsatz- und die Eigenkapitalrentabilität!

3. In einem Unternehmen mit einem Eigenkapital von 400.000,00 € und einem Fremdkapital von 250.000,00 € wurden 20.000,00 € Fremdkapitalzinsen gezahlt. Der Gewinn betrug 78.000,00 €. Wie hoch ist die Gesamtkapitalrentabilität?

4. Ein Einzelhändler erzielte im letzten Jahr mit seinem Eigenkapital von 350.000,00 € eine Eigenkapitalrentabilität von 22,5 %. Welchen Gewinn in € hat er erzielt?

5. Der Einzelhändler weist die folgenden Werte aus:

Gesamtkapital	1.500.000,00 €	Umsatz, netto	3.681.000,00 €
Eigenkapital	715.350,00 €	Gewinn	225.000,00 €
Fremdkapitalzinsen	60.000,00 €		

Berechnen Sie
a) die Umsatzrentabilität
b) die Eigenkapitalrentabilität
c) die Gesamtkapitalrentabilität

Lösung siehe Seite 91 – 92.

14. Lösungen zu den Übungsaufgaben

zu 1.5 Lösungen zum Auf- und Abrunden von Zahlen

1. Runden auf ganze Tausender

a) 12.483 abrunden → **12.000**	b) 500.927 aufrunden → **501.000**
c) 78.315 abrunden → **78.000**	d) 3.111.729 aufrunden → **3.112.000**
e) 138.129 abrunden → **138.000**	

2. Runden auf ganze Hunderter

a) 2.689 aufrunden → **2.700**	b) 89.624 abrunden → **89.600**	c) 658 aufrunden → **700**
d) 6.154 aufrunden → **6.200**	e) 1.654.548 abrunden → **1.654.500**	

3. Runden auf ganze Zahlen

a) 12,54 aufrunden → **13**	b) 1,98 aufrunden → **2**	c) 459,13 abrunden → **459**
d) 502,34 abrunden → **502**	e) 1.296,12 abrunden → **1.296**	

4. Runden auf zwei Stellen nach dem Komma

a) 12,893 abrunden → **12,89**	b) 546,128 aufrunden → **546,13**	c) 157,8235 abrunden → **157,82**
d) 0,998 aufrunden → **1,00**	e) 1,981 abrunden → **1,98**	

5. Runden der angegebenen Zahlen

a) 1.236.546 € abrunden → 1.000.000 €	b) 5.689.125 € abrunden → 5.689.100 €
c) 13.897.678 € aufrunden → 13.898.000 €	d) 12,54 € aufrunden → 13 €
e) 1.235 € aufrunden → 1.240 €	

zu 4.6 Lösungen zur Bruchrechnung

1. Erweitern Sie die Brüche!

a) $\frac{4}{7} = \frac{20}{35}$ **(· 5)**	**b)** $\frac{7}{18} = \frac{21}{54}$ **(· 3)**	**c)** $\frac{9}{13} = \frac{45}{65}$ **(· 5)**	**d)** $\frac{2}{11} = \frac{18}{99}$ **(· 9)**	**e)** $\frac{15}{38} = \frac{45}{114}$ **(· 3)**

2. Kürzen Sie die Brüche durch Finden des größten gemeinsamen Teilers von Zähler und Nenner.

a) $\frac{\cancel{15}}{\cancel{25}} = \frac{3}{5}$ **(: 5)**	b) $\frac{\cancel{16}}{\cancel{20}} = \frac{4}{5}$ **(: 4)**	**c)** $\frac{\cancel{28}}{\cancel{35}} = \frac{4}{5}$ **(: 7)**	**d)** $\frac{\cancel{72}}{\cancel{81}} = \frac{8}{9}$ **(: 9)**	**e)** $\frac{\cancel{36}}{\cancel{96}} = \frac{3}{8}$ **(: 12)**

3. Um Brüche vergleichen zu können, müssen sie zunächst gleichnamig gemacht werden.

a) $\frac{2}{3} > \frac{1}{2} \rightarrow \frac{4}{6} > \frac{3}{6}$	**b)** $\frac{3}{8} = \frac{9}{24} \rightarrow \frac{9}{24} = \frac{9}{24}$	**c)** $\frac{3}{5} = \frac{15}{25} \rightarrow \frac{15}{25} = \frac{15}{25}$
d) $\frac{8}{28} < \frac{3}{7} \rightarrow \frac{8}{28} < \frac{12}{28}$	**e)** $\frac{1}{4} < \frac{9}{12} \rightarrow \frac{3}{12} < \frac{9}{12}$	

Lösungen

4. Um Brüche zu addieren oder zu subtrahieren, müssen sie gleichnamig gemacht werden.

a) $\frac{5}{2} + \frac{2}{8} = \frac{20}{8} + \frac{2}{8} = \frac{\cancel{22}}{\cancel{8}} = \frac{11}{4} = 2\frac{3}{4}$	**b)** $\frac{3}{4} - \frac{1}{2} = \frac{3}{4} - \frac{2}{4} = \frac{1}{4}$
c) $\frac{6}{18} + \frac{2}{6} = \frac{6}{18} + \frac{6}{18} = \frac{\cancel{12}}{\cancel{18}} = \frac{2}{3}$	**d)** $\frac{4}{5} - \frac{2}{9} = \frac{36}{45} - \frac{10}{45} = \frac{26}{45}$
e) $\frac{11}{12} - \frac{3}{8} = \frac{22}{24} - \frac{9}{24} = \frac{13}{24}$	

5. Beim Multiplizieren der Brüche werden die Zähler und die Nenner miteinander multipliziert. Das Ergebnis wird gegebenenfalls gekürzt.

a) $\frac{5}{6} \cdot \frac{3}{4} = \frac{\cancel{15}}{\cancel{24}} = \frac{5}{8}$	**b)** $\frac{16}{9} : \frac{2}{3} = \frac{16}{9} \cdot \frac{3}{2} = \frac{\cancel{48}}{\cancel{18}} = \frac{8}{3} = 2\frac{2}{3}$
c) $\frac{11}{12} \cdot \frac{3}{8} = \frac{\cancel{33}}{\cancel{96}} = \frac{11}{32}$	**d)** $\frac{5}{7} : \frac{8}{9} = \frac{5}{7} \cdot \frac{9}{8} = \frac{45}{56}$
e) $\frac{7}{2} : \frac{4}{9} = \frac{7}{2} \cdot \frac{9}{4} = \frac{\cancel{63}}{\cancel{8}} = 7\frac{7}{8}$	

6. Die Gesamtmenge Pralinen wird durch das Gewicht je Tüte geteilt. Beim Dividieren von Brüchen wird mit dem Kehrwert multipliziert.

$2\text{ kg} : \frac{1}{8}\text{ kg} = \frac{2}{1} \cdot \frac{8}{1} = \frac{16}{1} =$ **16 Tüten**

Die Verkäuferin kann die 2 Kilogramm Pralinen in 16 Tüten zu je 1/8 kg (= 125 g) füllen.

7. Die Kilogrammwerte der einzelnen Nusssorten werden addiert. Dafür müssen Sie die Brüche gleichnamig machen.

$\frac{3}{4}$ kg Haselnüsse + $\frac{1}{8}$ kg Erdnüsse + $\frac{13}{16}$ kg Walnüsse + $\frac{10}{32}$ kg Paranüsse → Der gemeinsame Nenner ist **32**.

$\frac{24}{32}\text{ kg} + \frac{4}{32}\text{ kg} + \frac{26}{32}\text{ kg} + \frac{10}{32}\text{ kg} = \frac{64}{32}\text{ kg} =$ **2 kg**

Die Kundin kauft insgesamt 2 kg Nüsse.

8. Berechnung des Anteils Obst:

30 kg Lebensmittel $\cdot \frac{2}{3} = \frac{30}{1}\text{ kg} \cdot \frac{2}{3} = \frac{60}{3}\text{ kg} = 20\text{ kg}$ → Es wurden insgesamt 20 kg Obst geliefert.

Berechnung des Anteils der verdorbenen Ware:

$20\text{ kg} \cdot \frac{1}{5} = \frac{20}{1}\text{ kg} \cdot \frac{1}{5} = \frac{20}{5}\text{ kg} = 4\text{ kg}$

Berechnung des Anteils, der für den Verkauf zur Verfügung steht:

20 kg – 4 kg = **16 kg**

Von der Obstlieferung stehen noch 16 kg für den Verkauf bereit.

9. Um die Brüche addieren zu können, müssen Sie sie gleichnamig machen.

Supermarkt $\frac{1}{5}$ + **Boutiquen** $\frac{1}{2}$ = $\frac{2}{10} + \frac{5}{10} = \frac{7}{10}$

$\frac{10}{10} - \frac{7}{10} = \mathbf{\frac{3}{10}}$ → Der Elektrofachmarkt trägt einen Anteil von $\frac{3}{10}$.

Berechnung des Anteils an den Werbekosten:

2.000,00 € $\cdot \frac{3}{10} = \frac{2.000,00\,€ \cdot 3}{10} =$ **600,00 €**

Der Elektrofachmarkt muss einen Anteil von 600,00 € an den Werbekosten tragen.

10. Berechnung der Anzahl der Kunden, die Kaffee trinken:

600 Kunden gesamt $\cdot \frac{3}{4} = \frac{(600 \cdot 3)}{4} = \frac{1800}{4} =$ 450 Kaffeetrinker

Berechnung der Kunden, die die Marke „Bohne“ bevorzugen:

450 Kaffeetrinker $\cdot \frac{4}{9} = \frac{(450 \cdot 4)}{9} = \frac{1800}{9} =$ 200 Kunden für die Kaffeesorte "Bohne"

Berechnung der Kunden, die die Marke „Espresso“ bevorzugen:

450 Kaffeetrinker $\cdot \frac{15}{27} = \frac{(450 \cdot 15)}{27} = \frac{6.750}{27} =$ 250 Kunden für die Kaffeesorte "Espresso"

Die am stärksten nachgefragte Kaffeesorte „Espresso“ wird von 250 Kunden bevorzugt.

zu 5.3 Lösungen zum Dreisatz

1. Dreisatz mit geradem Verhältnis

a) 1.750 Stück ≙ 70,00 € 2.500 Stück ≙ x € $x = \frac{70{,}00\text{ €} \cdot 2.500\text{ Stück}}{1.750\text{ Stück}} = \mathbf{100{,}00\text{ €}}$	1.750 Stück ≙ 70,00 € 1 Stück ≙ x € $x = \frac{70{,}00\text{ €} \cdot 1\text{ Stück}}{1.750\text{ Stück}} = \mathbf{0{,}04\text{ €}}$
b) 1 Stück ≙ 0,06 € 2.500 Stück ≙ x € $x = \frac{0{,}06\text{ €} \cdot 2.500\text{ Stück}}{1\text{ Stück}} = \mathbf{150{,}00\text{ €}}$	1 Stück ≙ 0,06 € 1.750 Stück ≙ x € $x = \frac{0{,}06\text{ €} \cdot 1.750\text{ Stück}}{1\text{ Stück}} = \mathbf{105{,}00\text{ €}}$
c) 2.500 Stück ≙ 75,00 € 1 Stück ≙ x € $x = \frac{75{,}00\text{ €} \cdot 1\text{ Stück}}{2.500\text{ Stück}} = \mathbf{0{,}03\text{ €}}$	2.500 Stück ≙ 75,00 € 1.750 Stück ≙ x € $x = \frac{75{,}00\text{ €} \cdot 1.750\text{ Stück}}{2.500\text{ Stück}} = \mathbf{52{,}50\text{ €}}$

	a)	**b)**	**c)**
Preis für 2.500 Stahlnägel	**100,00 €**	**150,00 €**	75,00 €
Preis für 1 Stahlnagel	**0,04 €**	0,06 €	**0,03 €**
Preis für 1.750 Stahlnägel	70,00 €	**105,00 €**	**52,50 €**

2.

a) 4 Liter ≙ 3,60 € 7 Liter ≙ x €	$x = \frac{3{,}60\text{ €} \cdot 7\text{ Liter}}{4\text{ Liter}} = \mathbf{6{,}30\text{ €}}$	**Dreisatz mit geradem Verhältnis**
b) 90 cm ≙ 5,35 m 160 cm ≙ x m	$x = \frac{5{,}35\text{ m} \cdot 90\text{ cm}}{160\text{ cm}} = \mathbf{3{,}01\text{ m}}$	**Dreisatz mit ungeradem Verhältnis**
c) 650 g ≙ 7,99 € 1000 g ≙ x €	$x = \frac{7{,}99\text{ €} \cdot 1000\text{ g}}{650\text{ g}} = \mathbf{12{,}29\text{ €}}$	**Dreisatz mit geradem Verhältnis**

3. Dreisatz mit ungeradem Verhältnis

20 Auszubildende ≙ 15,00 € pro Person 17 Auszubildende ≙ x € pro Person	$x = \frac{15{,}00\text{ €} \cdot 20\text{ Auszubildende}}{17\text{ Auszubildende}} = \mathbf{17{,}65\text{ €}}$

Die Fahrtkosten betragen pro Person 17,65 €.

4. Dreisatz mit geradem Verhältnis

6 Kilometer ≙ 60 Minuten 3,3 Kilometer ≙ x	$x = \frac{60\text{ Minuten} \cdot 3{,}3\text{ Kilometer}}{6\text{ Kilometer}} = \mathbf{33\text{ Minuten}}$

Zu Fuß benötigen Sie für den Weg zur Berufsschule 33 Minuten.

5. Dreisatz mit ungeradem Verhältnis

6,00 € ≙ 12 Gläser 9,00 € ≙ x	$x = \frac{12 \text{ Gläser} \cdot 6{,}00\ €}{9{,}00\ €}$ = **8 Gläser**

Der Kunde erhält 8 Gläser für den gleichen Gesamtpreis.

6. Dreisatz mit geradem Verhältnis

a) 500 Seiten ≙ 12 Minuten 750 Seiten ≙ x	$x = \frac{750 \text{ Seiten} \cdot 12 \text{ Minuten}}{500 \text{ Seiten}}$ = **18 Minuten**

Der Drucker benötigt 18 Minuten, um 750 Seiten zu drucken.

b) 12 Minuten ≙ 500 Seiten 27 Minuten ≙ x	$x = \frac{500 \text{ Seiten} \cdot 27 \text{ Minuten}}{12 \text{ Minuten}}$ = **1.125 Seiten**

Der Drucker druckt in 27 Minuten 1.125 Seiten.

7. Dreisatz mit ungeradem Verhältnis

12 Stunden ≙ 2 Handwerker 8 Stunden ≙ x	$x = \frac{2 \text{ Handwerker} \cdot 12 \text{ Stunden}}{8 \text{ Stunden}}$ = **3 Handwerker**

Es werden 3 Handwerker benötigt, um die Küche in 8 Stunden aufzubauen.

8. Dreisatz mit ungeradem Verhältnis

15 Einzelhändler ≙ 180,00 € 17 Einzelhändler ≙ x	$x = \frac{180\ € \cdot 15 \text{ Einzelhändler}}{17 \text{ Einzelhändler}}$ = **158,82 €**

Jeder Einzelhändler muss sich mit einem Anteil von 158,82 € an der Werbung beteiligen.

9. Dreisatz mit geradem Verhältnis

6.640,00 € Umsatz ≙ 33,20 € Prämie 3.400,00 € Umsatz ≙ x	$x = \frac{33{,}20\ € \cdot 3.400{,}00\ €}{6.640{,}00\ €}$ = **17,00 €**

Die Umsatzprämie der Kollegin beträgt 17,00 €.

10. Dreisatz mit geradem Verhältnis

16 Stunden ≙ 152,00 € 22 Stunden ≙ x	$x = \frac{152{,}00\ € \cdot 22 \text{ Stunden}}{16 \text{ Stunden}}$ = **209,00 €**

Der Verdienst der Aushilfe Frau Schmidt beträgt 209,00 €.

Lösungen

zu 6.3 Lösungen zum Durchschnittsrechnen

1.

Auszubildende/r	Punkte	Durchschnitt
Max Alexander Marie Lisa Julia	82 Punkte 71 Punkte 92 Punkte 56 Punkte 69 Punkte	
5 Auszubildende	370 Punkte	→ 370 Punkte : 5 Auszubildende = **74 Punkte**

Die 5 Auszubildenden haben eine durchschnittliche Punktzahl von 74 Punkten erreicht.

2.

Sortimentsbereich	Verkaufsfläche	Umsatz	Durchschnitt
Herrenbekleidung	125 m^2	420.000 €	420.000 € : 125 m^2 = **3.360 € je m^2**
Damenbekleidung	175 m^2	525.000 €	525.000 € : 175 m^2 = 3.000 € je m^2
Kinderbekleidung	60 m^2	192.000 €	192.000 € : 60 m^2 = 3.200 € je m^2

Der höchste Umsatz in Höhe von 3.360 € je m^2 wird im Sortimentsbereich Herrenbekleidung erzielt.

3.

Quartal	Transportkosten	Durchschnitt
Quartal I Quartal II Quartal III Quartal IV	456,12 € 286,45 € 367,89 € 354,86 €	
	1.465,32 €	→ 1.465,32 € Transportkosten : 12 Monate* = **122,11 €**

Die Transportkosten betragen durchschnittlich 122,11 € je Monat.

*** Berechnung der Anzahl der Monate:**

1 Quartal ≙ 3 Monate

4 Quartale ≙ x

$$x = \frac{3 \text{ Monate} \cdot 4 \text{ Quartale}}{1 \text{ Quartal}} = 12 \text{ Monate}$$

4.

Verkäufer	Umsatz	Kassenzettel	Durchschnitt
Müller Schmidt	768,00 € 864,00 €	32 Kassenzettel 18 Kassenzettel	
	1.632,00 €	50 Kassenzettel	→ 1.632,00 € : 50 Kassenzettel = **32,64 €**

Der Durchschnittswert je Kassenzettel beträgt 32,64 €.

5.

Öffnungszeiten		**Durchschnitt**
09:00 bis 13:00 Uhr	4 Stunden	
15:00 bis 20:00 Uhr	5 Stunden	
	9 Stunden	→ 1.674 Kunden : 9 Stunden = **186 Kunden je Stunde**

Der Herbstmarkt wurde durchschnittlich von 186 Kunden je Stunde besucht.

6.

Kaffeesorten	**Gewicht**	**Preis je kg**	**Gesamtpreis**	**Durchschnitt**
Arabica	150 kg	· 9,50 €	= 1.425,00 €	
Robusta	100 kg	· 7,50 €	= 750,00 €	
Liberica	120 kg	· 5,50 €	= 660,00 €	
	370 kg		= 2.835,00 €	→ 2.835,00 € : 370 kg Gewicht = **7,66 € je kg**

Der Durchschnittspreis je Kilogramm Kaffee beträgt 7,66 €.

7.

Skimützen	**Preis je Stück**	**Gesamtpreis**	**Durchschnitt**
7 Mützen	· 7,40 €	= 51,80 €	
3 Mützen	· 12,30 €	= 36,90 €	
4 Mützen	· 9,75 €	= 39,00 €	
8 Mützen	· 11,40 €	= 91,20 €	
22 Mützen		= 218,90 €	→ 218,90 € : 22 Mützen = **9,95 €**

Der Durchschnittspreis je Skimütze beträgt 9,95 €.

8.

Wochentag	**Arbeitszeit**	**Durchschnitt**
Montag	2,5 Stunden	
Dienstag	3,0 Stunden	
Mittwoch	1,0 Stunden	
Donnerstag	1,5 Stunden	
Freitag	1,5 Stunden	
5 Tage	**9,5 Stunden**	→ 9,5 Stunden : 5 Tage = **1,9 Stunden**

Der Mitarbeiter hat im Tagesdurchschnitt 1,9 Stunden für die Arbeiten benötigt.

9.

Sorte	**Gewicht**	**Preis je kg**	**Summe**	**Durchschnitt**
I	3 kg	· 8,00 €	= 24,00 €	
II	5 kg	· 5,60 €	= 28,00 €	
III	2 kg	· 7,50 €	= 15,00 €	
	10 kg		**= 67,00 €**	10,0 kg ≙ 67,00€ 0,5 kg ≙ x $x = \frac{67{,}00\,€ \cdot 0{,}5\,kg}{10\,kg}$ = **3,35 €**

0,5 kg der Gebäckmischung kosten 3,35 €.

10.

Wochentag	Umsatz	Kunden
Montag	16.850,70 €	702
Dienstag	18.592,05 €	840
Mittwoch	14.387,92 €	553
Donnerstag	21.716,12 €	986
Freitag	19.381,70 €	837
Samstag	11.436,90 €	354
	102.365,39 €	4.272

a) 102.365,39 € Umsatz : 6 Wochentage **= 17.060,90 € Umsatz pro Tag**
b) 4.272 Kunden : 6 Wochentage **= 712 Kunden pro Tag**
c) 102.365,39 € Umsatz : 4.272 Kunden **= 23,96 € Umsatz je Kunde**

zu 7.1 Lösungen zum Verteilungsrechnen

1.

Auszubildende	Verteilungsschlüssel Tage		Benzinkosten
Max	20 Tage	· 2,35 € je Tag =	**47,00 €**
Felix	15 Tage	· 2,35 € je Tag =	**35,25 €**
Tim	17 Tage	· 2,35 € je Tag =	**39,95 €**
	52 Tage ≙		122,20 €
	1 Tag ≙		122,20 € : 52 Tage = 2,35 € je Tag

2.

Gebäcksorte	Verteilungsschlüssel Bruch		Gebäckmischung
Haferkekse	$\frac{1}{8}$ = 1 Teil	· 125 g =	125 g
Mandelkonfekt	$\frac{3}{8}$ = 3 Teile	· 125g =	**375 g**
Spritzgebäck	$\frac{1}{2} = \frac{4}{8}$ = 4 Teile	· 125 g =	500 g
	8 Teile ≙		1000 g
	1 Teil ≙		1.000 g : 8 Teile = 125 g

Es sind 375 g Mandelkonfekt in der Gebäckmischung enthalten.

3.

Freunde	Verteilungsschlüssel Beteiligung		Gewinn
Fabian	14,00 €	· 54,70 =	765,80 €
Niklas	13,00 €	· 54,70 =	**711,10 €**
Tom	8,00 €	· 54,70 =	437,60 €
Florian	12,00 €	· 54,70 =	656,40 €
	47,00 € ≙		2.570,90 €
	1,00 € ≙		2.570,90 € : 47,00 € = 54,70 je € Einlage

Niklas erhält einen Anteil von 711,10 € vom Gesamtgewinn.

4.

Wohnung	Verteilungsschlüssel Wohnfläche		Heizkosten
Erdgeschoss	95 m²	· 12,00 € je m² =	**1.140,00 €**
1. Obergeschoss	80 m²	· 12,00 € je m² =	**960,00 €**
Dachgeschoss	50 m²	· 12,00 € je m² =	**600,00 €**
	225 m² ≙		2.700,00 €
	1 m² ≙		2.700,00 € : 225 m² = 12,00 € je m²

5.

Zweigniederlassung	Verteilungsschlüssel Umsätze		Betriebskosten
A	38.000,00 €	· 0,08	3.040,00 €
B	62.000,00 €	· 0,08	4.960,00 €
C	21.000,00 €	· 0,08	**1.680,00 €**
D	29.000,00 €	· 0,08	2.320,00 €
	150.000,00 € ≙		12.000,00 €
	1,00 € ≙		12.000,00 € : 150.000,00 € = 0,08 je Euro Umsatz

Die Zweigniederlassung C muss einen Anteil von 1.680,00 € an den Betriebskosten tragen.

6.

Abteilung	Verteilungsschlüssel Verkaufsfläche		Werbekosten
Haushaltswaren	600 m²	· 2,00 € je m² =	**1.200,00 €**
Lebensmittel	1.200 m²	· 2,00 € je m² =	**2.400,00 €**
Damenoberbekleidung	900 m²	· 2,00 € je m² =	**1.800,00 €**
	2.700 m² ≙		5.400,00 €
	1 m² ≙		5.400,00 € : 2.700 m² = 2 € je m²

Lösungen

7.

Bereiche	Verteilungsschlüssel Anteile		Verkaufsfläche
Sportgeräte	4	$\cdot$ 130 m² =	**520 m²**
Sportbekleidung	3	$\cdot$ 130 m² =	390 m²
Sportschuhe	1	$\cdot$ 130 m² =	130 m²
Sportausrüstung	2	$\cdot$ 130 m² =	260 m²
	10 Teile ≙		1.300 m²
	1 Teil ≙		1.300 m² : 10 = 130 m²

Für den Bereich Sportgeräte steht eine Verkaufsfläche von 520 m² zur Verfügung.

8.

Bereiche	Verteilungsschlüssel Gewicht		Transportkosten
Obst	190 kg	0,16 € je kg =	30,40 €
Gemüse	120 kg	0,16 € je kg =	**19,20 €**
Kaffee	150 kg	0,16 € je kg =	24,00 €
	460 kg ≙		73,60 €
	1 kg ≙		73,60 € : 460 kg = 0,16 € je kg

Auf die Gemüselieferung entfallen 19,20 € Transportkosten.

9.

Bereiche	Verteilungsschlüssel Anteile		Miete
Verkaufsraum	15 m $\cdot$ 8 m = 120 m²	$\cdot$ 10,15 € je m²	**1.218,00 €**
Lager	8 m $\cdot$ 6 m = 48 m²	$\cdot$ 10,15 € je m²	487,20 €
Büro	4 m $\cdot$ 3 m = 12 m²	$\cdot$ 10,15 € je m²	121,80 €
	180 m² ≙		1.827,00 €
	1 m² ≙		1.827,00 € : 180 m² = 10,15 € je m²

Für den Verkaufsraum ist ein Mietanteil in Höhe von 1.218,00 € zu zahlen.

10.

Inhaberinnen	Verteilungsschlüssel Brüche		Gewinn
Frau Müller	$\frac{2}{7} = \frac{6}{21} =$ 6 Teile	· 1.835,00 € =	**11.010,00 €**
Frau Günther	$\frac{1}{3} = \frac{7}{21} =$ 7 Teile	· 1.835,00 € =	**12.845,00 €**
Frau Schmidt	$\frac{8}{21} =$ 8 Teile	· 1.835,00 € =	**14.680,00 €**
	21 Teile ≙		38.535,00 €
	1 Teil ≙		38.535,00 € : 21 = 1.835,00 €

Hinweis: Um zu ermitteln, welchen Anteil Frau Schmidt erhält, müssen zunächst die Anteile der Inhaberinnen Frau Müller und Frau Günther gleichnamig gemacht werden:

Frau Müller $\frac{2}{7} \rightarrow \frac{6}{21}$ Frau Günther $\frac{1}{3} \rightarrow \frac{7}{21}$ Frau Schmidt $\frac{21}{21} - \frac{6}{21} - \frac{7}{21} = \frac{8}{21}$

zu 8.5 Lösungen zur Prozentrechnung

1.

a) 100 % ≙ 520,00 €; 35 % ≙ x

$x = \frac{520{,}00\,€ \cdot 35\,\%}{100\,\%} =$ **182,00 €**

b) 27 % ≙ 216,00 €; 100 % ≙ x

$x = \frac{216{,}00\,€ \cdot 100\,\%}{27\,\%} =$ **800,00 €**

c) 19,00 € ≙ 100 %; 4,75 € ≙ x

$x = \frac{100\,\% \cdot 4{,}75\,€}{19{,}00\,€} =$ **25 %**

d) 100 % ≙ 1.532,00 €; 7 % ≙ x

$x = \frac{1.532{,}00\,€ \cdot 7\,\%}{100\,\%} =$ **107,24 €**

e) 800,00 € ≙ 100 %; 56,00 € ≙ x

$x = \frac{100\,\% \cdot 56{,}00\,€}{800{,}00\,€} =$ **7 %**

	a)	b)	c)	d)	e)
Grundwert (G)	520,00 €	**800,00 €**	19,00 €	1.532,00 €	800,00 €
Prozentwert (w)	**182,00 €**	216,00 €	4,75 €	**107,24 €**	56,00 €
Prozentsatz (p)	35 %	27 %	**25 %**	7 %	**7 %**

2. Berechnung des Prozentsatzes p:

2.511,00 € ≙ 100 %
235,16 € ≙ x

$x = \frac{100\,\% \cdot 235{,}16\,€}{2.511{,}00\,€} =$ **9,37 %**

Die Lohnsteuer macht 9,37 % des Gehaltes aus.

3. Berechnung des Prozentwertes w:

100 % ≙ 200 Mitarbeiter
9 % ≙ x

$x = \frac{200\text{ Mitarbeiter} \cdot 9\,\%}{100\,\%} =$ **18 Auszubildende**

Im Warenhaus sind 18 Auszubildende beschäftigt.

4. Berechnung des Grundwertes G:

5 % ≙ 4 Diebstahlanzeigen
100 % ≙ x

$$x = \frac{4\ \text{Anzeigen} \cdot 100\ \%}{5\ \%} = \mathbf{80\ Diebstahlanzeigen}$$

Es gab 80 Diebstahlanzeigen im ganzen Jahr.

5. Berechnung des Grundwertes G:

112 % ≙ 12.000,00 €
100 % ≙ x

$$x = \frac{12.000{,}00\ € \cdot 100\ \%}{112\ \%} = \mathbf{10.714{,}29\ €}$$

Der Gewinn betrug vorher 10.714,29 €.

6. Berechnung des Prozentwertes w:

119 % ≙ 138,00 €
19 % ≙ x

$$x = \frac{138{,}00\ € \cdot 19\ \%}{119\ \%} = \mathbf{22{,}03\ €}$$

Im Preis sind 22,03 € Umsatzsteuer enthalten.

7. Berechnung des Grundwertes G:

95 % ≙ 800,00 €
100 % ≙ x

$$x = \frac{800{,}00\ € \cdot 100\ \%}{95\ \%} = \mathbf{842{,}11\ €}$$

Die Stromkosten betrugen bisher 842,11 €.

8. Berechnung des Grundwertes G:

97 % ≙ 345,00 €
100 % ≙ x

$$x = \frac{345{,}00\ € \cdot 100\ \%}{97\ \%} = \mathbf{355{,}67\ €}$$

Der Rechnungsbetrag betrug ursprünglich 355,67 €.

9. Berechnung der Preisreduzierung in €:

bisheriger Preis	499,00 €
– Aktionspreis	399,90 €
= Differenz	99,10 €

Berechnung der Preisreduzierung in Prozent:

499,00 € ≙ 100 %
99,10 € ≙ x

$$x = \frac{100\ \% \cdot 99{,}10\ €}{499{,}00\ €} = \mathbf{19{,}86\ \%}$$

Der Preis der Kamera wurde um 19,86 % gesenkt.

10.

a) Berechnung des Grundwertes G:

26 % ≙ 10.595,00 €
100 % ≙ x

$$x = \frac{10.595{,}00\ € \cdot 100\ \%}{26\ \%} = \mathbf{40.750{,}00\ €}$$

Der Gesamtumsatz der Abteilung betrug im September 40.750,00 €.

b) Berechnung des Prozentwertes w:

100 % ≙ 40.750,00 € 18 % ≙ x	$x = \frac{40.750{,}00\ € \cdot 18\ \%}{100\ \%} = \mathbf{7.335{,}00\ €}$

Der Umsatz von Herrn Schulze betrug 7.335,00 €.

c) Berechnung der Differenz zwischen den Umsätzen der Monate September und Oktober in €:

Umsatz September	40.750,00 €
– Umsatz Oktober	39.795,00 €
= Differenz	955,00 €

Berechnung der prozentualen Differenz zwischen den Umsätzen der Monate September und Oktober:

40.750,00 € ≙ 100 % 955,00 € ≙ x	$x = \frac{100\ \% \cdot 955{,}00\ €}{40.750{,}00\ €} = \mathbf{2{,}34\ \%}$

Der Umsatz war im Oktober 2,34 % niedriger als im September.

zu 9.1 Lösungen zur Flächenberechnung

1. Flächeninhalt Rechteck: 8,50 m · 3,80 m = **32,30 m²**
Der Flächeninhalt des Rechtecks beträgt 32,30 m².

2.

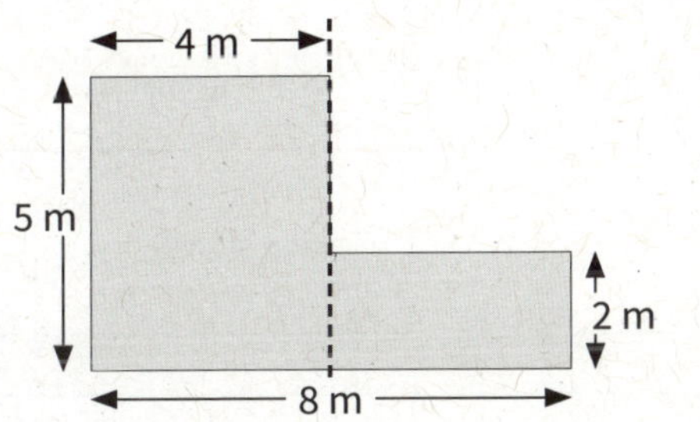

Zur Berechnung des Flächeninhaltes müssen Sie die linke Figur in Rechtecke aufteilen. Anschließend werden die Werte addiert.

Flächenberechnung

Flächenberechnung linkes Feld:	$4\ m \cdot 5\ m = 20\ m^2$
+ Flächeninhalt rechtes Feld:	$4\ m \cdot 2\ m = 8\ m^2$
= Flächeninhalt Figur	**28 m²**

Umfang: 8 m + 5 m + 4 m + 3 m + 4 m + 2 m = **26 m**

Der Flächeninhalt der Figur beträgt 28 m², der Umfang beträgt 26 m.

3. Flächenberechnung für die Fensterscheibe: 4,50 m · 3,50 m = **15,75 m²**
Umfang der Fensterscheibe: 2 · 4,50 m + 2 · 3,50 m = **16 m**

Es werden 15,75 m² Fensterglas und 16 m Holz für den Rahmen benötigt.

4. Flächenberechnung für die Verkaufsfläche: Länge 8 m x Breite 4 m = 32 m²
Flächenberechnung für das Podest: Länge 2,50 m x Breite 1,50 m = 3,75 m²

Berechnung des benötigten Laminats:

Verkaufsfläche:	32,00 m²
– Fläche für das Podest:	3,75 m²
=	**28,25 m²**

Es werden 28,25 m² Laminat benötigt.

5. Berechnung der Kosten für den Vorraum:

16 m² ≙ 688,50 € 8 m² ≙ x	$x = \frac{688{,}50\ € \cdot 8\ m^2}{16\ m^2}$ = **344,25 €**

	Berechnung des Gesamtrechnungsbetrages:			
	Fliesen Lagerraum	688,50 €		
+	Fliesen Vorraum	344,25 €		
=	Gesamtrechnungsbetrag netto	1.032,75 €	100 % ≙ 1.032,75 €	$x = \frac{1.032{,}75\ € \cdot 19\ \%}{100\ \%}$ = 196,22 €
+	19 % Umsatzsteuer	196,22 € ←	19 % ≙ x	
=	**Gesamtrechnungsbetrag brutto**	**1.228,97 €**		

Der Gesamtrechnungsbetrag beträgt 1.228,97 € inkl. 19 % Umsatzsteuer.

zu 10.1 Lösungen zur Kassenabrechnung

1. Berechnung der Barverkäufe (Tageslosung):

	Kassenbestand bei Geschäftsschluss	1.850,00 €
+	Barentnahme	1.200,00 €
+	Barzahlung für Postwertzeichen	20,00 €
+	Barzahlung für Warenlieferung	45,00 €
–	Kassenbestand zu Geschäftsbeginn	68,00 €
=	**Barverkäufe des Tages (Tageslosung)**	**3.047,00 €**

Die Barverkäufe des Tages (Tageslosung) betragen 3.047,00 €.

2. Berechnung der Barverkäufe (Tageslosung):

	Kassenbestand bei Geschäftsschluss	8.750,00 €
+	Ausgaben für Büromaterial	50,00 €
–	Kassenbestand zu Geschäftsbeginn	320,00 €
=	**Barverkäufe des Tages (Tageslosung)**	**8.480,00 €**

Die Barverkäufe des Tages (Tageslosung) betragen 8.480,00 €.

3. Berechnung des Tagesumsatzes:

	Bruttoumsatz	2.540,00 €
+	Ausgaben im Laufe des Tages	500,00 €
–	Wechselgeldbestand	58,00 €
=	**Tagesumsatz**	**2.982,00 €**

Berechnung des durchschnittlichen Umsatzes je Kunde:
2.982,00 € : 40 Kunden = **74,55 €**

Der durchschnittliche Umsatz pro Kunde beträgt 74,55 €.

4. Berechnung des Ist-Bargeldbestandes:

	Bargeldbestand bei Geschäftsschluss	6.520,00 €
–	Wechselgeldbestand	320,00 €
=	**Ist-Bargeldbestand**	**6.200,00 €**

Berechnung des Soll-Bargeldbestandes:

	Bruttoumsatz	10.585,00 €
–	Kreditkartenzahlungen	1.650,00 €
–	girocard-Zahlungen	2.750,00 €
=	**Soll-Bargeldbestand**	**6.185,00 €**

Berechnung der Kassendifferenz:

	Soll-Kassenbestand	6.185,00 €
–	Ist-Kassenbestand	6.200,00 €
=	**Kassendifferenz**	**– 15,00 €**

Soll-Kassenbestand < Ist-Kassenbestand ≙ Kassenüberschuss

Die Kassendifferenz (Kassenüberschuss) beträgt 15,00 €.

5.

Berechnung der Warenverkäufe:				**Berechnung des Ist-Kassenbestandes:**	
100 Stück	·	12,50 € =	1.250,00 €		
250 Stück	·	9,95 € =	2.487,50 €	Bargeldbestand bei Geschäftsschluss	4.262,50 €
80 Stück	·	5,00 € =	400,00 €	– Wechselbestand am Morgen	150,00 €
Soll-Kassenbestand			4.137,50 €	– Ist-Kassenbestand	4.112,50 €

Berechnung der Kassendifferenz:

	Soll-Kassenbestand	4.137,50 €
–	Ist-Kassenbestand	4.112,50 €
=	**Kassendifferenz**	**25,00 €**

Soll-Kassenbestand > Ist-Kassenbestand ≙ Kassenfehlbetrag

Die Kassendifferenz (Kassenfehlbetrag) beträgt 25,00 €.

Lösungen

zu 11.5 Lösungen zur Kalkulation

1. Berechnung des Bareinkaufspreises für die gesamte Bestellung:

	Listeneinkaufspreis (60 Stück)		1.560,00 €
–	Liefererrabatt	15 %	234,00 € ←
=	Zieleinkaufspreis		1.326,00 €
–	Liefererskonto	3 %	39,78 € ←
=	**Bareinkaufspreis**		**1.286,22 €**

Liefererrabatt:

100 % ≙ 1.560,00 €
15 % ≙ x

$$x = \frac{1.560,00\ € \cdot 15\ \%}{100\ \%} = 234,00\ €$$

Liefererskonto:

100 % ≙ 1.326,00 €
3 % ≙ x

$$x = \frac{1.326,00\ € \cdot 3\ \%}{100\ \%} = 39,78\ €$$

Berechnung des Bareinkaufspreises für einen Artikel:

Bareinkaufspreis 1.286,22 € : 60 Stück = **21,44 €**

Der Bareinkaufspreis für einen Artikel beträgt 21,44 €.

2. Berechnung des Bezugspreises:

	Listeneinkaufspreis		4.500,00 €
–	Liefererrabatt	10 %	450,00 € ←
=	Zieleinkaufspreis		4.050,00 €
–	Liefererskonto	3 %	121,50 € ←
=	Bareinkaufspreis		3.928,50 €
+	Bezugskosten		30,00 €
=	**Bezugspreis**		**3.958,50 €**

Liefererrabatt:

100 % ≙ 4.500,00 €
10 % ≙ x

$$x = \frac{4.500,00\ € \cdot 10\ \%}{100\ \%} = 450,00\ €$$

Liefererskonto:

100 % ≙ 4.050,00 €
3 % ≙ x

$$x = \frac{4.050,00\ € \cdot 3\ \%}{100\ \%} = 121,50\ €$$

Der Bezugspreis für die gesamte Lieferung beträgt 3.958,50 €.

3. Berechnung des Bruttoverkaufspreises für die gesamte Lieferung:

	Bezugspreis		3.958,50 €
+	Handlungskosten	60 %	2.375,10 € ←
=	Selbstkostenpreis		6.333,60 €
+	Gewinn	8 %	506,69 € ←
=	Nettoverkaufspreis		6.840,29 €
+	Umsatzsteuer	19 %	1.299,66 €
=	Bruttoverkaufspreis		8.139,95 € ←

Handlungskosten:

100 % ≙ 3.958,50 €
60 % ≙ x

$$x = \frac{3.958,50\ € \cdot 60\ \%}{100\ \%} = 2.375,10\ €$$

Gewinn:

100 % ≙ 6.333,60 €
8 % ≙ x

$$x = \frac{6.333,60\ € \cdot 8\ \%}{100\ \%} = 506,69\ €$$

Umsatzsteuer:

100 % ≙ 6.840,29 €
19 % ≙ x

$$x = \frac{6.840,29\ € \cdot 19\ \%}{100\ \%} = 1.299,66\ €$$

Berechnung des Bruttoverkaufspreises für eine Damenbluse:

Bruttoverkaufspreis 8.139,95 € : 250 Stück = **32,56 €**

Der Bruttoverkaufspreis für eine Damenbluse beträgt 32,56 €.

4. Bevor Sie den Gewinn in Prozent errechnen können, müssen Sie zunächst den Gewinn in € ermitteln.

Nettoverkaufspreis	51,72 €
– Selbstkostenpreis	47,89 €
= Gewinn in €	3,83 €

Berechnung des Gewinns in Prozent:

Selbstkostenpreis	47,89 €	≙	100 %	$x = \frac{100\ \% \cdot 3{,}83\ €}{47{,}89\ €} = \mathbf{8{,}00\ \%}$
Gewinn	3,83 €		x	

Mit dem Artikel wird ein Gewinn von 8 % erzielt.

5. Berechnung des Kalkulationszuschlags:

$$\text{Kalkulationszuschlag} = \frac{(\text{Bruttoverkaufspreis} - \text{Bezugspreis}) \cdot 100\ \%}{\text{Bezugspreis}} = \frac{(699{,}00\ € - 350{,}00\ €) \cdot 100\ \%}{350{,}00\ €} = 99{,}71\ \%$$

Der Kalkulationszuschlag beträgt 99,71 %.

6. Berechnung des Bruttoverkaufspreises:

$$\text{Bruttoverkaufspreis} = \text{Bezugspreis} \cdot \text{Kalkulationsfaktor} = 66{,}92\ € \cdot 1{,}7327 = 115{,}95\ €$$

Der Bruttoverkaufspreis beträgt 115,95 €.

7. Bevor Sie die Handelsspanne errechnen können, müssen Sie zunächst den Nettoverkaufspreis errechnen.

Bruttoverkaufspreis	119 %	≙	2.599,00 €	$x = \frac{2.599{,}00\ € \cdot 100\ \%}{119\ \%} = \mathbf{2.184{,}03\ €}$
Nettoverkaufspreis	100 %		x	

Berechnung der Handelsspanne:

$$\text{Handelsspanne} = \frac{(\text{Nettoverkaufspreis} - \text{Bezugspreis}) \cdot 100\ \%}{\text{Nettoverkaufspreis}} \quad \frac{(2.184{,}03\ € - 1.050{,}00\ €) \cdot 100\ \%}{2.184{,}03\ €} = \mathbf{51{,}92\ \%}$$

Die Handelsspanne beträgt 51,92 %.

8. Berechnung des Kalkulationsabschlags:

$$\text{Kalkulationsabschlag} = \frac{(\text{Bruttoverkaufspreis} - \text{Bezugspreis}) \cdot 100\ \%}{\text{Bruttoverkaufspreis}} \quad \frac{(99{,}00\ € - 45{,}00\ €) \cdot 100\ \%}{99{,}00\ €} = \mathbf{54{,}55\ \%}$$

Lösungen

9. Berechnung des Bezugspreises:

Listeneinkaufspreis			
75 Stück · 12,50 €		937,50 €	
– Liefererrabatt	5 %	46,88 €	←
= Zieleinkaufspreis		890,62 €	
– Liefererskonto	2 %	17,81 €	←
= Bareinkaufspreis		872,81 €	
+ Bezugskosten		5,00 €	
= Bezugspreis		**877,81 €**	

Liefererrabatt:

100 % ≙ 937,50 €
5 % ≙ x

$$x = \frac{937{,}50\text{ €} \cdot 5\,\%}{100\,\%} = 46{,}88\text{ €}$$

Liefererskonto:

100 % ≙ 890,62 €
2 % ≙ x

$$x = \frac{890{,}62\text{ €} \cdot 2\,\%}{100\,\%} = 17{,}81\text{ €}$$

Berechnung des Bezugspreises für einen Artikel: Bezugspreis 877,81 € : 75 Stück = **11,70 €**

Der Bezugspreis für einen Artikel beträgt 11,70 €.

10.

a)

$$\textbf{Kalkulationszuschlag} = \frac{(\text{Bruttoverkaufspreis} - \text{Bezugspreis}) \cdot 100\,\%}{\text{Bezugspreis}} \qquad \frac{(599{,}00\text{ €} - 351{,}00\text{ €}) \cdot 100\,\%}{351{,}00\text{ €}} = \mathbf{70{,}66\,\%}$$

Der Kalkulationszuschlag beträgt 70,66 %.

b)

$$\textbf{Kalkulationsfaktor} = \frac{\text{Bruttoverkaufspreis}}{\text{Bezugspreis}} \qquad \frac{599{,}00\text{ €}}{351{,}00\text{ €}} = \mathbf{1{,}7066}$$

Der Kalkulationsfaktor beträgt 1,7066.

c)

$$\textbf{Kalkulationsabschlag} = \frac{(\text{Bruttoverkaufspreis} - \text{Bezugspreis}) \cdot 100\,\%}{\text{Bruttoverkaufspreis}} \qquad \frac{(599{,}00\text{ €} - 351{,}00\text{ €}) \cdot 100\,\%}{599{,}00\text{ €}} = \mathbf{41{,}40\,\%}$$

Der Kalkulationsabschlag beträgt 41,40 %.

d) Bevor die Handelsspanne errechnet werden kann, muss der Nettoverkaufspreis ermittelt werden.

Berechnung des Nettoverkaufspreises:

119 % ≙ 599,00 €
100 % ≙ x

$$x = \frac{599{,}00\text{ €} \cdot 100\,\%}{119\,\%} = 503{,}36\text{ €}$$

$$\textbf{Handelsspanne} = \frac{(\text{Nettoverkaufspreis} - \text{Bezugspreis}) \cdot 100\,\%}{\text{Nettoverkaufspreis}} \qquad x = \frac{(503{,}36\text{ €} - 351{,}00\text{ €}) \cdot 100\,\%}{503{,}36\text{ €}} = \mathbf{30{,}27\,\%}$$

Die Handelsspanne beträgt 30,27 %.

zu 12.6 Lösungen zu den Lagerkennziffern

1. **Mindestbestand** = Tagesabsatz 2 Stück · 3 Tage Sicherheit = **6 Stück**

2. **Meldebestand** = (2 Stück Tagesabsatz · 5 Tage Lieferzeit) + 6 Stück Mindestbestand = **16 Stück**

3. **Berechnung des Meldebestandes mit einer verlängerten Lieferzeit um 2 Tage auf 7 Tage:**

   Meldebestand = (2 Stück Tagesabsatz · 7 Tage Lieferzeit) + 6 Stück Mindestbestand = **20 Stück**

   Berechnung der Differenz zum ursprünglichen Meldebestand:

Neuer Meldebestand	20 Stück
- ursprünglicher Meldebestand	16 Stück
=Differenz	4 Stück

Der Meldebestand muss um 4 Stück erhöht werden.

4. Berechnung des durchschnittlichen Lagerbestandes für den Artikel Handy „XP5" in Stück:

Datum	Eingang (Stück)	Verkauf (Stück)	Bestand (Stück)
31.12.			26
31.01.	30	13	43
28.02.		18	25
31.03.	25	10	40
30.04.		15	25
31.05.		9	16
30.06.	14	16	14
Summe		81	

→ Anfangsbestand = **26 Stück**

Summe der 6 Monatsendbestände = **163 Stück**

$$\textbf{Durchschnittlicher Lagerbestand} = \frac{\text{Anfangsbestand + 6 Monatsendbestände}}{7} = \frac{\text{26 Stück + 163 Stück}}{7} = \frac{\text{189 Stück}}{7} = \textbf{27 Stück}$$

Der durchschnittliche Lagerbestand für den Artikel „XP5" beträgt 27 Stück.

5. Berechnung der Umschlagshäufigkeit:

$$\text{Umschlagshäufigkeit} = \frac{\text{Wareneinsatz}}{\text{ø-Lagerbestand}} = \frac{\text{81 Stück}}{\text{27 Stück}} = \textbf{3}$$

Die Umschlagshäufigkeit beträgt 3.

Lösungen

6. Berechnung der Summe der Lagerendbestände für den Einkaufskorb „City“:

Anfangsbestand 01.01.	35 Stück
Endbestand 31.03.	40 Stück
+ Endbestand 30.06.	30 Stück
+ Endbestand 30.09.	26 Stück
+ Endbestand 31.12.	34 Stück
= Summe der Lagerbestände	130 Stück

Berechnung des durchschnittlichen Lagerbestandes für den Einkaufskorb „City“ in Stück:

$$\text{Durchschnittlicher Lagerbestand} = \frac{35\ \text{Stück} + 130\ \text{Stück}}{5} = \frac{165\ \text{Stück}}{5} = 33\ \text{Stück}$$

Der durchschnittliche Lagerbestand des Einkaufskorbs „City“ beträgt 33 Stück.

Berechnung des durchschnittlichen Lagerbestandes für den Einkaufskorb „City“ in Euro:

33 Stück · 19,80 € = **653,40 €**

Der durchschnittliche Lagerbestand des Einkaufskorbs „City“ in Euro beträgt 653,40 €.

7. Berechnung der Umschlagshäufigkeit für den Einkaufskorb „City“:

$$\text{Umschlagshäufigkeit} = \frac{\text{Wareneinsatz}}{\text{durchschnittlicher Lagerbestand}} = \frac{10.454{,}40\ €}{653{,}40\ €} = \mathbf{16}$$

Die Umschlagshäufigkeit beträgt 16.

8. Zur Berechnung des Absatzes wird der Wareneinsatz durch den Bezugspreis eines Artikels geteilt.

Wareneinsatz : Bezugspreis = 10.454,40 € : 19,80 € je Stück = **528 Stück**

Es wurden 528 Stück des Einkaufskorbs „City“ verkauft.

9. Berechnung der Lagerdauer:

$$\text{Lagerdauer} = \frac{360}{\text{Umschlagshäufigkeit}} = \frac{360}{16} = \mathbf{22{,}5\ Tage}$$

Die Lagerdauer beträgt 22,5 Tage.

10. Berechnung des Lagerzinssatzes:

$$\text{Lagerzinssatz} = \frac{\text{Jahreszinssatz} \cdot \text{Lagerdauer}}{360} = \frac{8\,\% \cdot 22{,}5}{360} = \mathbf{0{,}5\,\%}$$

Der Lagerzinssatz beträgt 0,5 %.

zu 13.4 Lösungen zur Rentabilität

1. Berechnung der Umsatzrentabilität:

$$\textbf{Umsatzrentabilität} = \frac{\text{Gewinn} \cdot 100\,\%}{\text{Umsatz}} = \frac{92.325{,}00\,€ \cdot 100\,\%}{3.350.000{,}00\,€} = \mathbf{2{,}76\,\%}$$

Die Umsatzrentabilität beträgt 2,76 %.

2. Berechnung der Umsatz- und der Eigenkapitalrentabilität:

$$\textbf{Umsatzrentabilität} = \frac{\text{Gewinn} \cdot 100\,\%}{\text{Umsatz}} = \frac{380.000{,}00\,€ \cdot 100\,\%}{6.300.000{,}00\,€} = \mathbf{6{,}03\,\%}$$

Die Umsatzrentabilität beträgt 6,03 %.

$$\textbf{Eigenkapitalrentabilität} = \frac{\text{Gewinn} \cdot 100\,\%}{\text{Eigenkapital}} = \frac{380.000{,}00\,€ \cdot 100\,\%}{3.050.000{,}00\,€} = \mathbf{12{,}46\,\%}$$

Die Eigenkapitalrentabilität beträgt 12,46 %.

3. Berechnung des Gesamtkapitals:

Eigenkapital	400.000,00 €
+ Fremdkapital	250.000,00 €
= Gesamtkapital	650.000,00 €

Berechnung der Gesamtkapitalrentabilität:

$$\textbf{Gesamtkapitalrentabilität} = \frac{(\text{Gewinn} + \text{Fremdkapitalzinsen}) \cdot 100\,\%}{\text{Gesamtkapital}}$$

$$\frac{(78.000{,}00\,€ + 20.000{,}00\,€) \cdot 100\,\%}{650.000{,}00\,€} = \frac{98.000{,}00\,€ \cdot 100\,\%}{650.000{,}00\,€} = \mathbf{15{,}08\,\%}$$

Die Gesamtkapitalrentabilität beträgt 15,08 %.

4. Berechnung des Gewinns:

100 %	≙	350.000,00 €	Eigenkapital
22,5 %	≙	x	Gewinn

$$x = \frac{350.000{,}00\,€ \cdot 22{,}5\,\%}{100\,\%} = \mathbf{78.750{,}00\,€}$$

Der Einzelhändler hat einen Gewinn von 78.750,00 € erzielt.

5. Berechnung der Rentabilität:

a)

$$\textbf{Umsatzrentabilität} = \frac{\text{Gewinn} \cdot 100\,\%}{\text{Umsatz}} = \frac{225.000{,}00\,€ \cdot 100\,\%}{3.681.000{,}00\,€} = \textbf{6,11 \%}$$

Die Umsatzrentabilität beträgt 6,11 %.

b)

$$\textbf{Eigenkapitalrentabilität} = \frac{\text{Gewinn} \cdot 100\,\%}{\text{Eigenkapital}} = \frac{225.000{,}00\,€ \cdot 100\,\%}{715.350{,}00\,€} = \textbf{31,45 \%}$$

Die Eigenkapitalrentabilität beträgt 31,45 %.

c)

$$\textbf{Gesamtkapitalrentabilität} = \frac{(\text{Gewinn} + \text{Fremdkapitalzinsen}) \cdot 100\,\%}{\text{Gesamtkapital}}$$

$$\frac{(225.000{,}00\,€ + 60.000{,}00\,€) \cdot 100\,\%}{1.500.000{,}00\,€} = \frac{285.000{,}00\,€ \cdot 100\%}{1.500.000{,}00\,€} = \textbf{19 \%}$$

Die Gesamtkapitalrentabilität beträgt 19 %.

Kaufmännische Rundungsregeln

Abrundung bei den Ziffern **0, 1, 2, 3, 4.**

Aufrundung bei den Ziffern **5, 6, 7, 8, 9.**

Bruchrechnung

Addition von Brüchen

Gleichnamige Brüche werden addiert, indem die Zähler addiert werden. Der Nenner bleibt bestehen.

Beispiel: $\frac{1}{4} + \frac{2}{4} = \frac{3}{4}$

Ungleichnamige Brüche müssen gleichnamig gemacht werden, bevor sie addiert werden.

$$\frac{2}{5} + \frac{1}{3}$$

Brüche gleichnamig machen

$$\frac{2}{5} = \frac{6}{15} \quad (\cdot 3) \qquad \frac{1}{3} = \frac{5}{15} \quad (\cdot 5)$$

$$\frac{6}{15} + \frac{5}{15}$$

$$= \frac{11}{15}$$

Subtraktion von Brüchen

Gleichnamige Brüche werden subtrahiert, indem die Zähler voneinander subtrahiert werden. Der Nenner bleibt bestehen.

Beispiel: $\frac{4}{5} - \frac{1}{5} = \frac{3}{5}$

Ungleichnamige Brüche müssen gleichnamig gemacht werden, bevor sie subtrahiert werden

$$\frac{2}{5} - \frac{1}{3}$$

Brüche gleichnamig machen

$$\frac{2}{5} = \frac{6}{15} \quad (\cdot 3) \qquad \frac{1}{3} = \frac{5}{15} \quad (\cdot 5)$$

$$\frac{6}{15} - \frac{5}{15}$$

$$= \frac{1}{15}$$

Multiplikation von Brüchen

Brüche werden miteinander multipliziert, indem Zähler mit Zähler und Nenner mit Nenner multipliziert werden.

$$\frac{2}{5} \cdot \frac{1}{3}$$

$$\frac{\textbf{Zähler}}{\textbf{Nenner}} \quad \frac{2}{5} \cdot \frac{1}{3} = \frac{2}{15}$$

Division von Brüchen

Brüche werden dividiert, indem der erste Bruch mit dem Kehrwert des zweiten Bruches multipliziert wird.

$$\frac{2}{5} : \frac{1}{3}$$

Der 1. Bruch bleibt bestehen.

Beim 2. Bruch werden Zähler und Nenner vertauscht (Kehrwert)

$$\frac{\textbf{Zähler}}{\textbf{Nenner}} \quad \frac{2}{5} \cdot \frac{3}{1} = \frac{6}{5} = 1\frac{1}{5}$$

Formelsammlung

Dreisatz

Der **Dreisatz** erfolgt immer **in drei Schritten**:

1. Der **Bedingungssatz** setzt die angegebenen Werte in die erste Zeile. Die gesuchte Einheit steht rechts.

2. Der **Fragesatz** setzt die Frage in die zweite Zeile. Gleiche Einheiten stehen immer untereinander.

3. Der **Lösungssatz** (oder auch der **Bruchsatz**) steht in der dritten Zeile.

- Einfacher Dreisatz mit **geradem Verhältnis:**
  Die gegebene Einheit des Fragesatzes wird in den Zähler gestellt, die Einheit des Bedingungssatzes in den Nenner.

- Einfacher Dreisatz mit **ungeradem Verhältnis:**
  Die gegebene Einheit des Fragesatzes wird in den Nenner gestellt, die Einheit des Bedingungssatzes in den Zähler.

Die Zahl, die über dem x steht, wird immer als erste Zahl auf den Bruchstrich geschrieben.

Durchschnittsrechnen

$$\textbf{Einfacher Durchschnitt} = \frac{\text{Summe der Einzelwerte}}{\text{Anzahl der Einzelwerte}}$$

$$\textbf{Gewogener Durchschnitt} = \frac{\text{gewogene Summe der Einzelwerte}}{\text{Gesamtmenge}}$$

Verteilungsrechnen

1. Aufstellen einer Tabelle.

2. Eintragen des Verteilungsschlüssels.

3. Addition der angegebenen Anteile.

4. Gegenüberstellung des zu verteilenden Wertes.

5. Durch Division wird bestimmt, welcher Wert einem Anteil entspricht.

6. Durch Multiplikation werden die anteiligen Ergebnisse berechnet.

Prozentrechnung

Prozentwert w $w = \frac{\text{Grundwert G} \cdot \text{Prozentsatz p}}{100\,\%}$

Prozentsatz p $p = \frac{\text{Prozentwert w} \cdot 100\,\%}{\text{Grundwert G}}$

Grundwert G $G = \frac{\text{Prozentwert w} \cdot 100\,\%}{\text{Prozentsatz p}}$

Flächenberechnung

Quadrat	**Fläche A:**	$A = a \cdot a$
	Umfang U:	$U = a + a + a + a$ $U = 4 \cdot a$

Rechteck	**Fläche A:**	$A = a \cdot b$
	Umfang U:	$U = 2 \cdot a + 2 \cdot b$ $U = 2 \cdot (a + b)$

Kassenabrechnung

Kassenbestand bei Geschäftsschluss
\+ Ausgaben im Laufe des Tages
– Kassenbestand zu Geschäftsbeginn (Wechselgeld)
– sonstige Einnahmen

= **Barverkäufe des Tages** (Tageslosung)

Kalkulation

Kalkulationsschema:

Bezugskalkulation

Listeneinkaufspreis
– Liefererrabatt
= Zieleinkaufspreis

– Liefererskonto
= Bareinkaufspreis

\+ Bezugskosten
= Bezugspreis

Verkaufskalkulation

\+ Handlungskosten
= Selbstkostenpreis

\+ Gewinn
= Nettoverkaufspreis

\+ Umsatzsteuer
= Bruttoverkaufspreis

$$\textbf{Kalkulationszuschlag} = \frac{(\text{Bruttoverkaufspreis} - \text{Bezugspreis}) \cdot 100\,\%}{\text{Bezugspreis}}$$

$$\textbf{Kalkulationsfaktor} = \frac{\text{Bruttoverkaufspreis}}{\text{Bezugspreis}}$$

$$\textbf{Kalkulationsabschlag} = \frac{(\text{Bruttoverkaufspreis} - \text{Bezugspreis}) \cdot 100\,\%}{\text{Bruttoverkaufspreis}}$$

$$\textbf{Handelsspanne} = \frac{(\text{Nettoverkaufspreis} - \text{Bezugspreis}) \cdot 100\,\%}{\text{Nettoverkaufspreis}}$$

Lagerkennziffern

Meldebestand = (Tagesabsatz · Lieferzeit) + Mindestbestand

Durchschnittlicher Lagerbestand = $\frac{\text{Jahresanfangsbestand + Jahresendbestand}}{2}$

Umschlagshäufigkeit = $\frac{\text{Wareneinsatz}}{\text{durchschnittlicher Lagerbestand}}$

Lagerdauer = $\frac{360}{\text{Umschlagshäufigkeit}}$

Lagerzinssatz = $\frac{\text{Jahreszinssatz} \cdot \text{Lagerdauer}}{360}$

Rentabilität

Umsatzrentabilität = $\frac{\text{Gewinn} \cdot 100\,\%}{\text{Umsatz}}$

Eigenkapitalrentabilität = $\frac{\text{Gewinn} \cdot 100\,\%}{\text{Eigenkapital}}$

Gesamtkapitalrentabilität = $\frac{(\text{Gewinn + Fremdkapitalzinsen}) \cdot 100\,\%}{\text{Gesamtkapital}}$

Maßeinheiten

Zahlen		
Eins	1	
Zehn	10	1 Null
Hundert	100	2 Nullen
Tausend	1.000	3 Nullen
Zehntausend	10.000	4 Nullen
Hunderttausend	100.000	5 Nullen
Million	1.000.000	6 Nullen
Milliarde	1.000.000.000	9 Nullen

Zeiten	
60 Sekunden	= 1 Minute
60 Minuten	= 1 Stunde
24 Stunden	= 1 Tag
7 Tage	= 1 Woche
52 Wochen	= 1 Jahr
12 Monate	= 1 Jahr
365 Tage	= 1 Jahr

Längen	
10 Millimeter (mm)	= 1 Zentimeter (cm)
10 Zentimeter (cm)	= 1 Dezimeter (dm)
10 Dezimeter (dm)	= 1 Meter (m)
100 Zentimeter (cm)	= 1 Meter (m)
1000 Meter (m)	= 1 Kilometer (km)

Gewichte	
1000 Milligramm (mg)	= 1 Gramm (g)
1000 Gramm (g)	= 1 Kilogramm (kg)
1000 Kilogramm (kg)	= 1 Tonne (t)

Volumen	
10 Milliliter (ml)	= 1 Zentiliter (cl)
1000 Milliliter (ml)	= 1 Liter (l)
100 Liter (l)	= 1 Hektoliter (hl)
1 Milliliter (ml)	= 1 Kubikzentimeter (cm^3)
1 000 Kubikzentimeter (cm^3)	= 1 Kubikdezimeter (dm^3)
1 Kubikdezimeter (dm^3)	= 1 Liter (l)
1 000 Kubikdezimeter (dm^3)	= 1 Kubikmeter (m^3)

Flächenmaße	
100 Quadratmillimeter (mm^2)	= 1 Quadratzentimeter (cm^2)
100 Quadratzentimeter (cm^2)	= 1 Quadratdezimeter (dm^2)
100 Quadratdezimeter (dm^2)	= 1 Quadratmeter (m^2)
100 Quadratmeter (m^2)	= 1 Ar (a)
100 Ar (a)	= 1 Hektar (ha)
100 Hektar (ha)	= 1 Quadratkilometer (km^2)

Zeichenerklärung

Zeichen	Erklärung
=	Ist-Gleich Zeichen / Gleichheitszeichen
≙	entspricht
≈	fast gleich / gerundet
+	Addition (plus) / Pluszeichen
–	Subtraktion (minus) / Minuszeichen
·	Multiplikation (malnehmen) / Multiplikationszeichen / Malzeichen
:	Division (teilen) / Divisionszeichen / Geteiltzeichen
___	Bruchstrich (Geteiltzeichen)
>	größer als (Vergleichszeichen)
<	kleiner als (Vergleichszeichen)
%	Prozentzeichen / (geteilt durch 100)
‰	Promillezeichen / (geteilt durch 1000)

Zeichen	Erklärung
G	Grundwert
w	Prozentwert
p	Prozentsatz
m^2	Quadratmeter (Meter · Meter)
ø	Durchschnitt
€	Währungszeichen Euro
bzw.	beziehungsweise
□	Quadrat
▭	Rechteck
Quartal	ein Viertel eines Jahres / 3 Monate